(1) Ordne zu:

spitzwinklig	rechtwinklig	gleichseitig	gleichschenklig
gleichschenklig-rechtwinklig	stumpfwinklig		

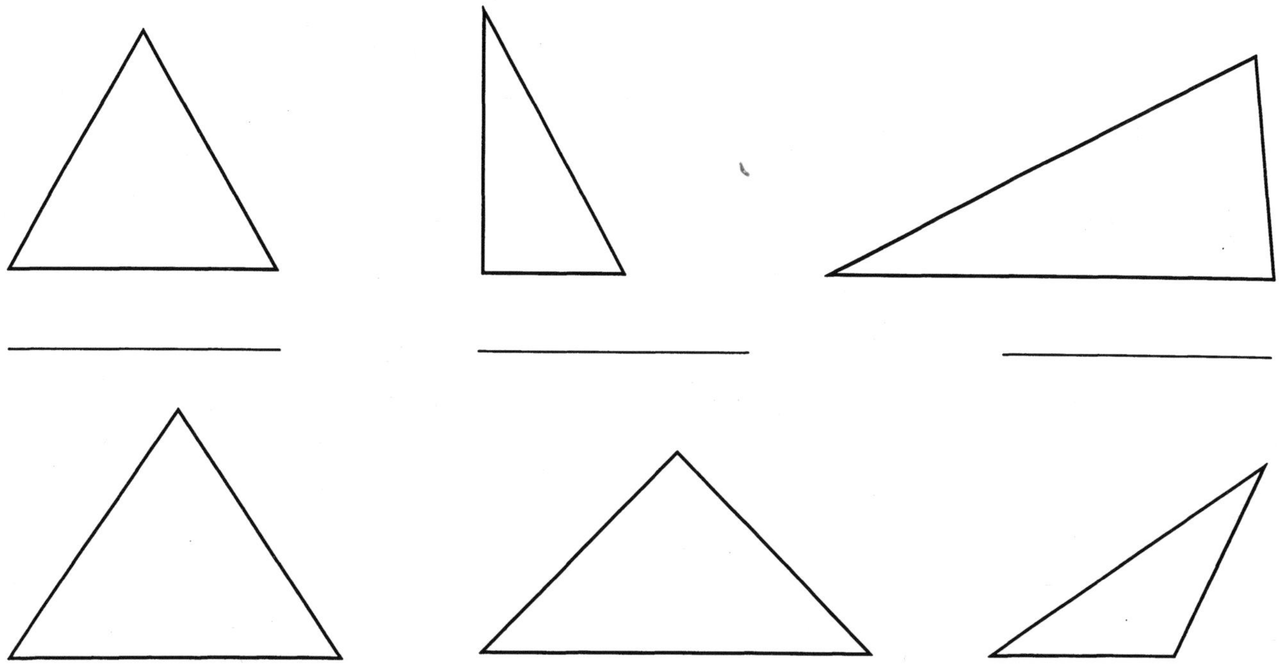

(2) Zeichne in dein Heft jeweils ein Beispiel für ein Dreieck

a) mit zwei gleich großen Seiten,

b) mit einem rechten Winkel,

c) bei dem jeder Winkel kleiner als 90° ist,

d) bei dem alle Seiten gleich lang sind,

e) mit zwei rechten Winkeln,

f) mit drei gleich langen Seiten und einem rechten Winkel,

g) mit einem Winkel größer als 90°,

h) mit zwei gleich langen Seiten und einem spitzen Winkel,

i) mit zwei stumpfen Winkeln.

Welche Dreiecke können nicht gezeichnet werden? Schreibe die Begründung in dein Heft!

Ordne die Eigenschaften a bis j den Vierecken zu.

a 4 gleich lange Seiten

b 2 gleich lange Seiten

c 2 parallele Seiten

d 2 gegenüberliegende Winkel sind gleich

e gegenüberliegende Seiten sind parallel

f die Diagonalen stehen senkrecht aufeinander

g benachbarte Seiten sind gleich lang

h 2 benachbarte Winkel sind gleich groß

i 4 rechte Winkel

j Diagonalen halbieren sich

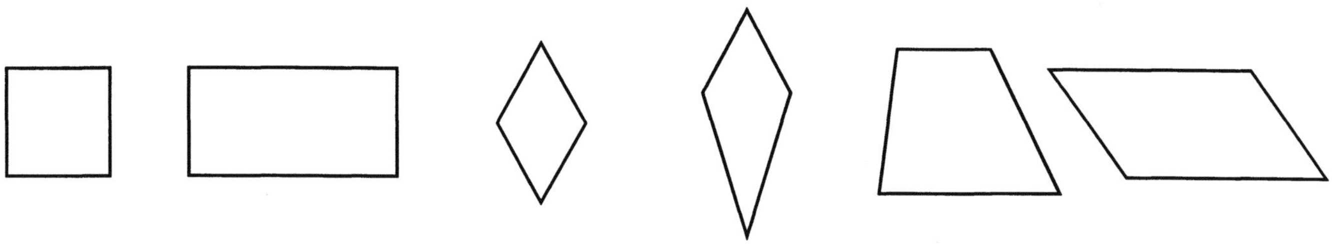

a

Die geheime Kommandozentrale des CBRK* besteht aus zehn unterirdisch miteinander verbundenen Häusern. Jedes Haus kann nur mit einer speziellen Codekarte betreten werden. Auf dem Plan ist jedes Haus mit einer bestimmten Viereckform gekennzeichnet. Schreibe zu dieser Form jeweils eine fünfstellige Codenummer. **Jede Zahl darf nur einmal vorkommen,** der Rest wird mit Nullen aufgefüllt, wie am Haus C ersichtlich. Die Verschlüsselung geschieht über die Eigenschaften von Vierecken:

1 = mindestens ein rechter Winkel
2 = mindestens zwei parallele Seiten
3 = Diagonalen bilden rechten Winkel
4 = mindestens zwei gleiche Winkel
5 = mindestens zwei gleich lange Seiten

* = Club der besonders raffinierten Kinder

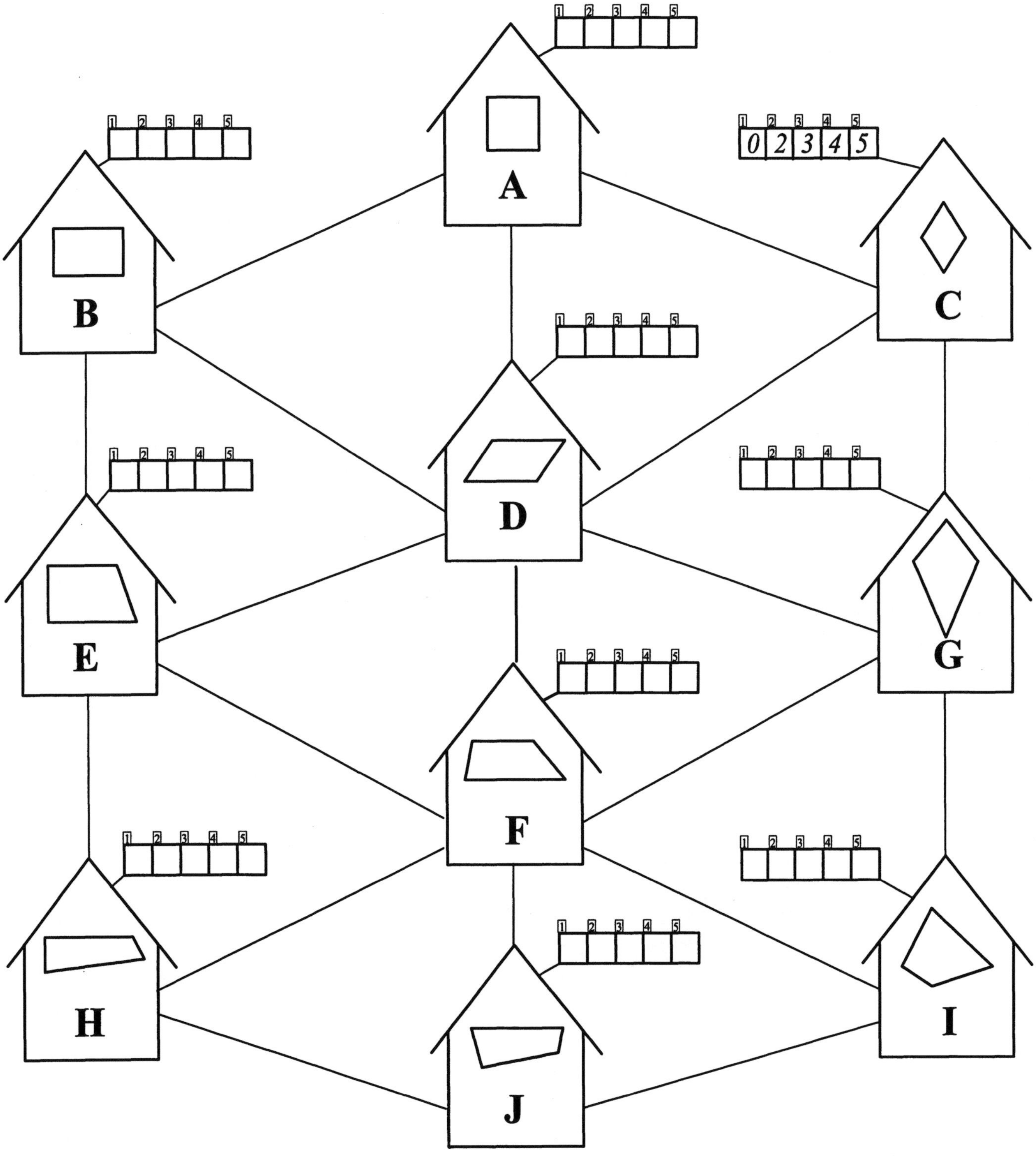

1. Es gibt Codekarten, mit denen mehrere Häuser gleichzeitig besucht werden können. Die 0 knackt jede Nummer.
   Beispiel: *Mit der Karte* | 0 | 2 | 0 | 0 | 0 | *können die Häuser* ________ *besucht werden.*

2. Unterführer EXO hat folgenden Code: | 0 | 2 | 0 | 4 | 5 |

   Er kann die Häuser ________________ *besuchen.*

3. Welchen Code hat der Bandenchef, der alle Häuser besuchen kann?

   Code des Bandenchefs | | | | | |

4. Alfred erhält einen Spezialcode nur für den Weg von Haus A über C und G nach I.

   Code für den Weg von A nach I | | | | | |

5. Zwischen welchen Nachbarhäusern ist keine Verbindung möglich, außer mit dem Generalcode des Bandenchefs?

   Zwischen den Häusern H und ______________________________________
   ist keine Verbindung möglich.

6. Welche Häuser kann der Unterchef aus Haus E mit seinem Code besuchen?

   Der Unterchef aus Haus E kann die Häuser __________ *besuchen.*

7. G und E erhalten einen Code, mit dem sich die Bewohner beider Häuser gegenseitig besuchen können.

   Sie erhalten den Code | | | | | |

   Sie bekommen damit auch Zugang zu den Häusern ___________

8. Welche weiteren Häuser können die Bewohner von Haus H noch besuchen?

   Die Bewohner von H können noch die Häuser ______________ *besuchen.*

9. Welches Haus hat einen Code, der für kein weiteres Haus gilt?

   Code, mit dem kein weiteres Haus besucht werden kann | | | | | |

10. Mit welchen beiden Codes sind genau zwei weitere Häuser zu besuchen?

   Mit dem Code | | | | | | *können die Häuser C und* ___ *besucht werden.*

   Mit dem Code | | | | | | *können die Häuser* ___ *und* ___ *besucht werden.*

Der CBRK beschließt eine Änderung des Codes. Agent X5 klaut den unten abgebildeten Entwurf. Leider ist nur ein Teil der Codenummern eingetragen. Er findet recht schnell die restlichen Ziffern, indem er sich die neuen Verschlüsselungen überlegt. Bist du genauso schlau?

Tipp: Versuche herauszubekommen, welchen Ziffern die Eigenschaften von Seite 3 hier zugeordnet sind.

1 = ______________________ 4 = ______________________

2 = ______________________ 5 = ______________________

3 = ______________________

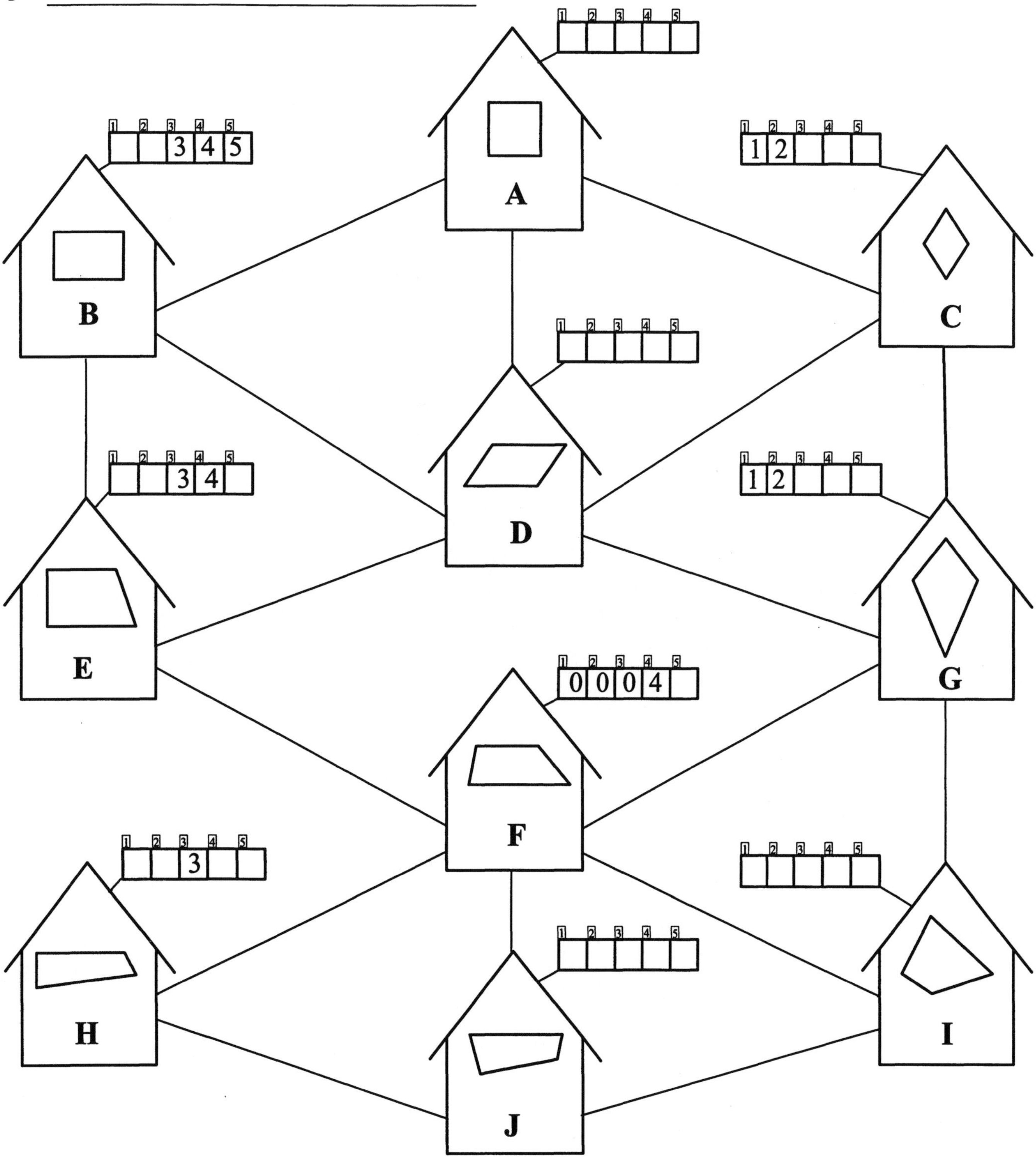

(1)

$\alpha = 60°$
$\beta = 40°$
$\gamma =$ ___

Zeichne zwei verschiedene Dreiecke mit den angegebenen Winkeln.

α β

(2) Zeichne jeweils drei Dreiecke mit den angegebenen Winkeln in dein Heft. Miss den fehlenden Winkel. Wie viele solcher Dreiecke kann man zeichnen?

a	b	c	d	e	f	g	h
$\alpha = 60°$	$\alpha = 67°$	$\alpha =$ ___	$\alpha = 90°$	$\alpha = 30°$	$\alpha = 45°$	$\alpha = 60°$	$\alpha = 44°$
$\beta = 60°$	$\beta = 56°$	$\beta = 74°$	$\beta = 45°$	$\beta =$ ___	$\beta = 55°$	$\beta =$ ___	$\beta =$ ___
$\gamma =$ ___	$\gamma =$ ___	$\gamma = 64°$	$\gamma =$ ___	$\gamma = 90°$	$\gamma =$ ___	$\gamma = 50°$	$\gamma = 72°$

(3)

$\alpha = 40°$
$\beta = 60°$
$c = 7{,}5$ cm

Zeichne jeweils ein Dreieck mit den Angaben.

$\alpha = 35°$
$b = 3{,}5$ cm
$c = 5{,}8$ cm

(4)

$a = 4{,}0$ cm
$b = 7{,}0$ cm
$\gamma = 70°$

Zeichne jeweils ein Dreieck mit den Angaben.

$a = 5{,}6$ cm
$c = 7{,}1$ cm
$\alpha = 50°$

(1)

a = 5 cm
b = 4 cm
c = 6 cm

a = 6 cm
b = 5 cm
c = 4 cm

c = 6 cm

c = 4 cm

(2)

a = 7,5 cm
b = 2,7 cm
c = 8,3 cm

a = 5,7 cm
b = 6,0 cm
c = 2,8 cm

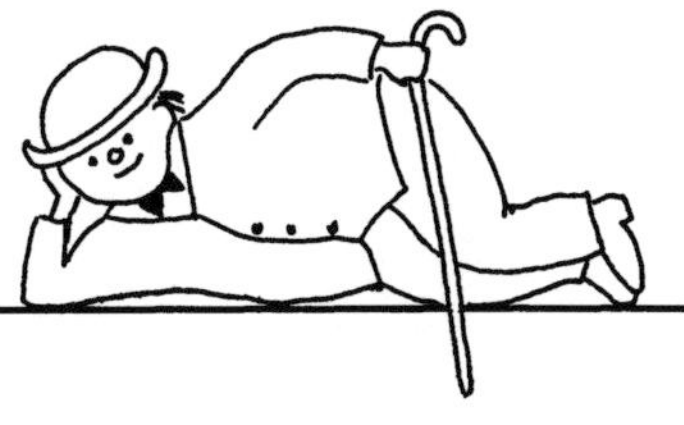

(3)

a = 4,2 cm
b = 5,5 cm
c = 6,1 cm

a = 4,5 cm
b = 6,3 cm
c = 7,9 cm

(4)

a = 2,8 cm
b = 4,7 cm
c = 6,7 cm

a = 6 cm
b = 6 cm
c = 6 cm

① **Angaben** | **Planfigur** | **Konstruktion**

a = 3,7 cm
b = 4,8 cm
c = 6,1 cm

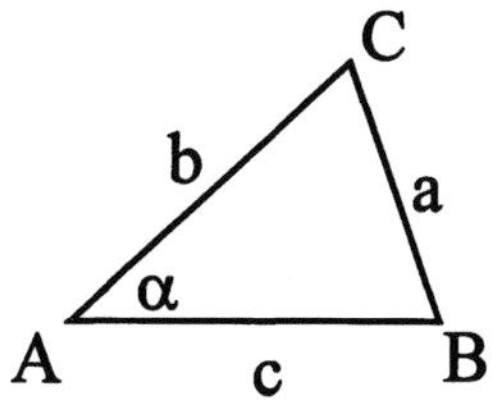

c = 6,1 cm

Beschreibung

a) *Ich zeichne Seite c mit A und B.*

b) ____________________

c) ____________________

② **Angaben** | **Planfigur** | **Konstruktion**

$\alpha = 45°$
$\beta = 60°$
c = 4,9 cm

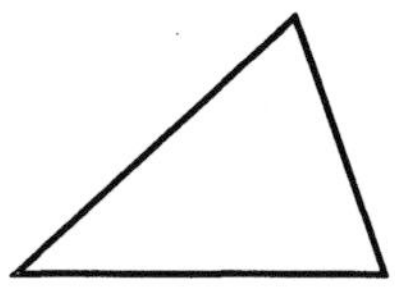

Beschreibung

____

____

____

③ **Angaben** | **Planfigur** | **Konstruktion**

a = 2,7 cm
b = 4,1 cm
$\gamma = 95°$

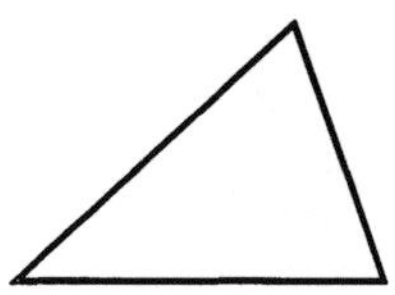

Beschreibung

____

____

____

Bd. 197. Anton Ottmann: Geometrie – 8. Schuljahr

① **Angaben**

a = 4,0 cm
d = 3,0 cm
α = 50°

Planfigur

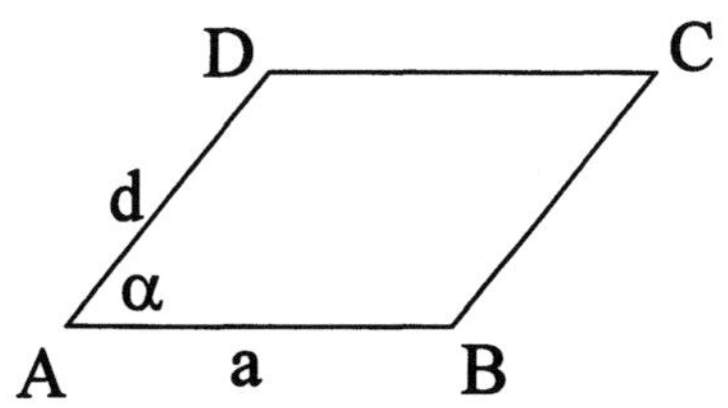

Konstruktion

Beschreibung

a) *Ich zeichne Seite a mit A und B.*

b) ______________________________

c) ______________________________

② **Angaben**

a = 4,5 cm
d = 3,2 cm
h = 2,9 cm

Planfigur

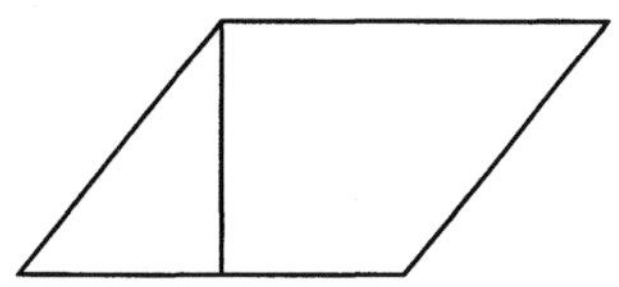

Konstruktion

Beschreibung

____

____

____

③ **Angaben**

a = 5,1 cm
b = 2,0 cm
α = 70°

Planfigur

Konstruktion

Beschreibung

____

____

____

(1) **Angaben** **Planfigur** **Konstruktion**

c = 2,5 cm
d = 4,0 cm
f = 5,0 cm

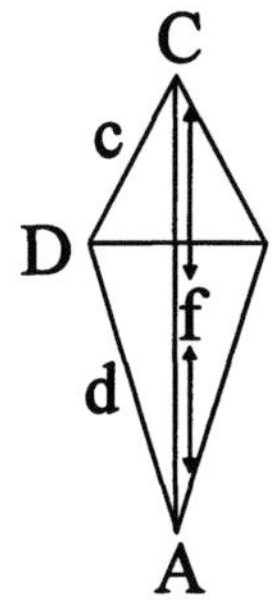

Beschreibung

a) *Ich zeichne Diagonale f.*

b) ______

c) ______

(2) **Angaben** **Planfigur** **Konstruktion**

a = 2,7 cm
b = 3,8 cm
e = 4,0 cm

Beschreibung

______

______

______

(3) **Angaben** **Planfigur** **Konstruktion**

a = 3,5 cm
b = 2,5 cm
α = 70°

Beschreibung

______

______

______

(1) **Angaben** **Planfigur** **Konstruktion**

a = 5,0 cm
h = 3,0 cm
α = 50°
β = 70°

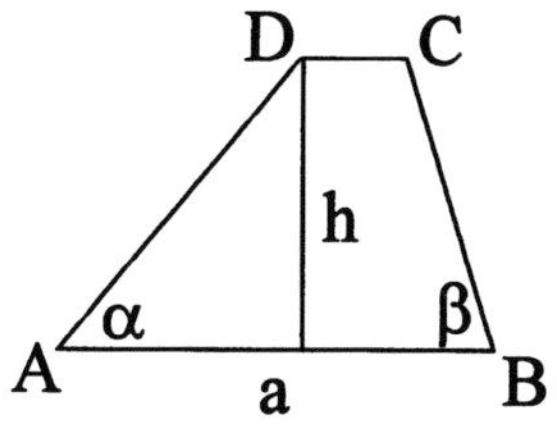

Beschreibung

a) *Ich zeichne Seite a mit A und B und trage in Punkt A den Winkel α ab.*

b) ______________________________

c) ______________________________

(2) **Angaben** **Planfigur** **Konstruktion**

a = 6,0 cm
b = 4,3 cm
d = 3,5 cm
α = 67°

Beschreibung

____

____

____

(3) **Angaben** **Planfigur** **Konstruktion**

a = 7,6 cm
b = 4,2 cm
α = 50°
h = 3,2 cm

Beschreibung

____

____

____

(1) Zeichne mit Farbe ein Rechteck, das genauso groß wie das Parallelogramm ist. Miss Länge und Breite und berechne so den Flächeninhalt.

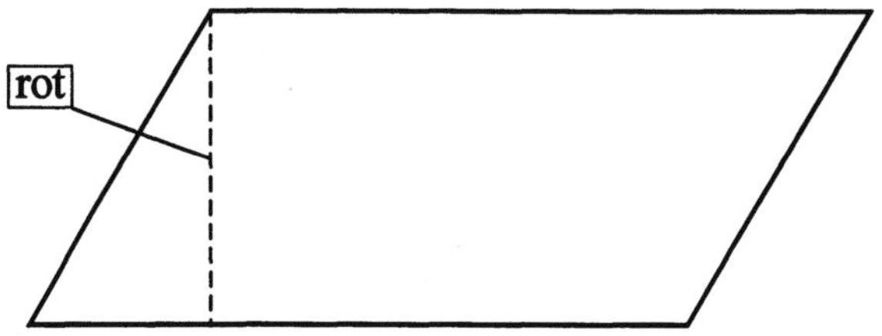

A = ____ · ____ = ____

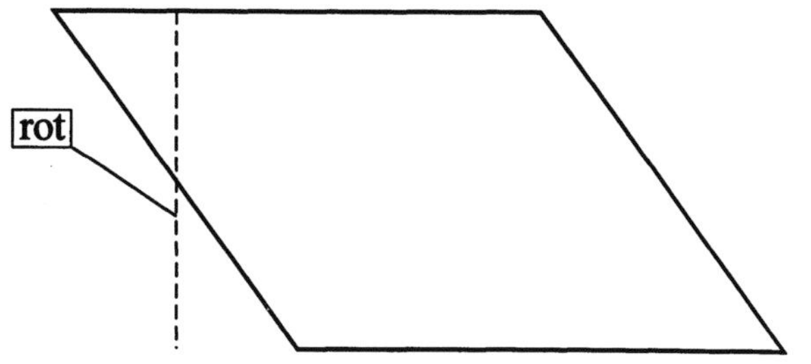

A = ____ · ____ = ____

(2) Zeichne mit Farbe ein Rechteck, das genauso groß wie das Dreieck ist. Miss Länge und Breite und berechne so den Flächeninhalt.

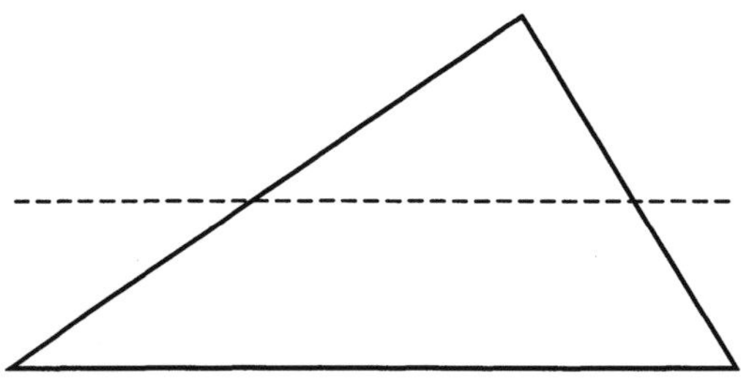

A = ____ · ____ = ____

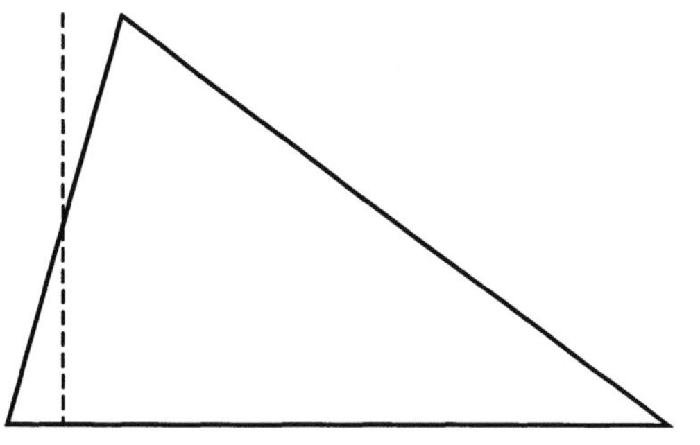

A = ____ · ____ = ____

(3) Zeichne mit Farbe ein Rechteck, das genauso groß wie der Drachen ist. Miss Länge und Breite und berechne so den Flächeninhalt.

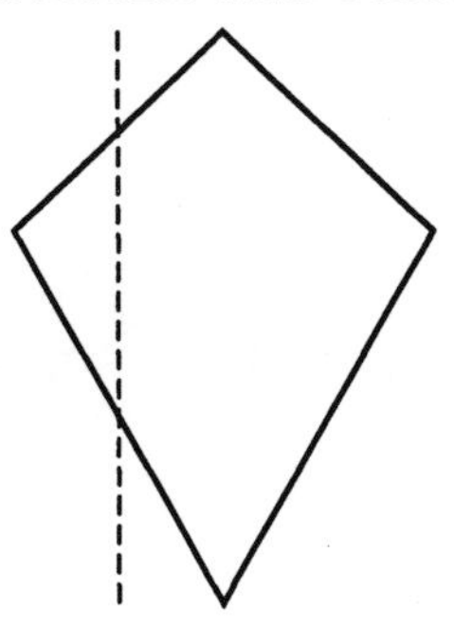

A = ____ · ____ = ____

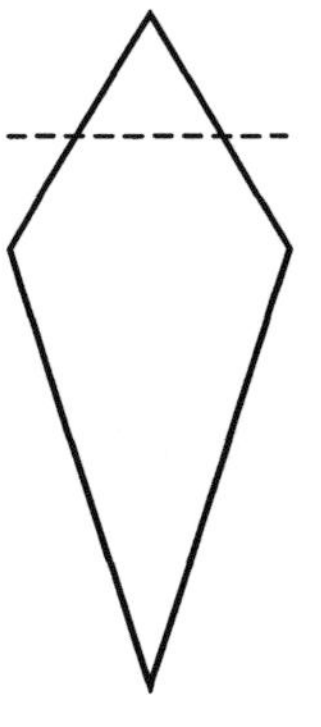

A = ____ · ____ = ____

(4) Zeichne mit Farbe ein Rechteck, das genauso groß wie das Trapez ist. Miss Länge und Breite und berechne so den Flächeninhalt.

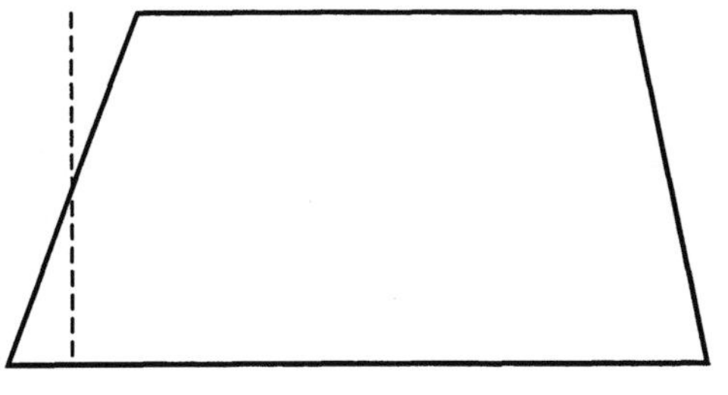

A = ____ · ____ = ____

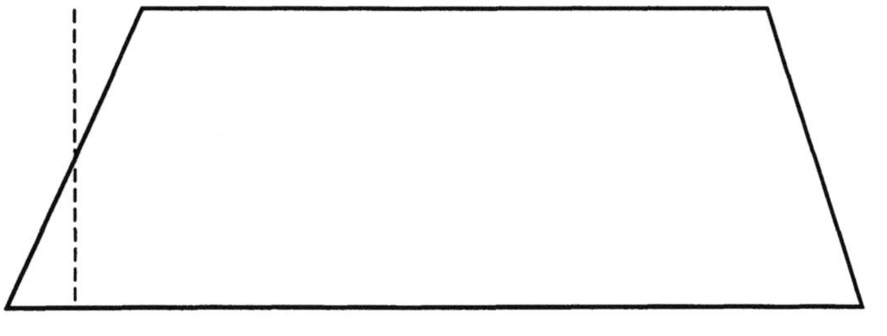

A = ____ · ____ = ____

(1) Zeichne mit Farbe ein Rechteck, das genau doppelt so groß wie das Dreieck ist. Miss Länge und Breite und berechne so den Flächeninhalt der Ausgangsfigur.

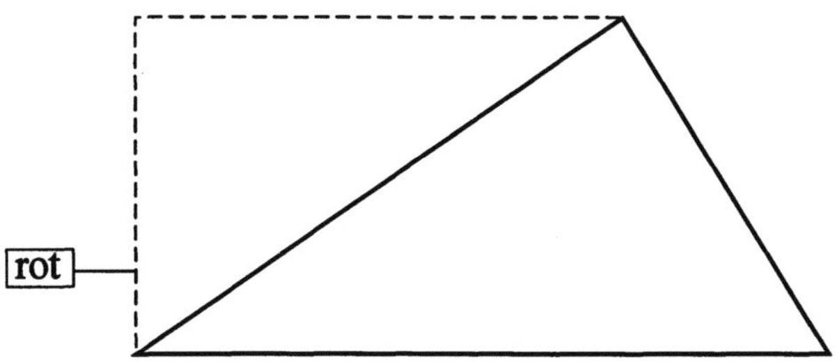

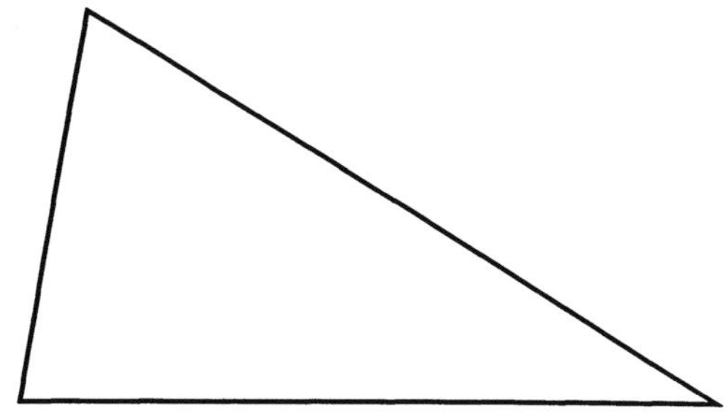

A =____ · ____ : 2 = ____   A =____ · ____ : 2 = ____

(2) Zeichne mit Farbe ein Rechteck, das genau doppelt so groß wie der Drachen ist. Miss Länge und Breite und berechne so den Flächeninhalt.

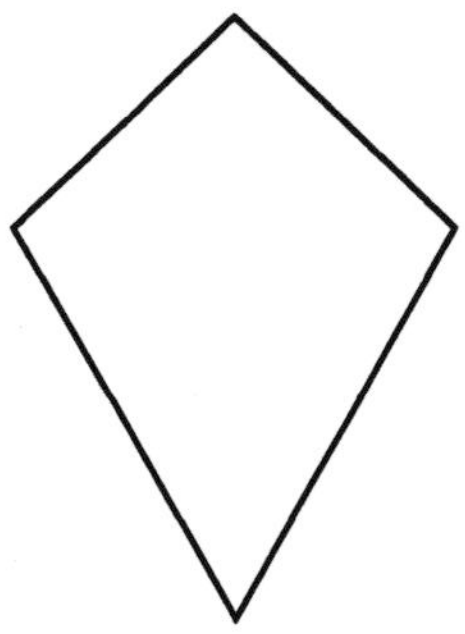

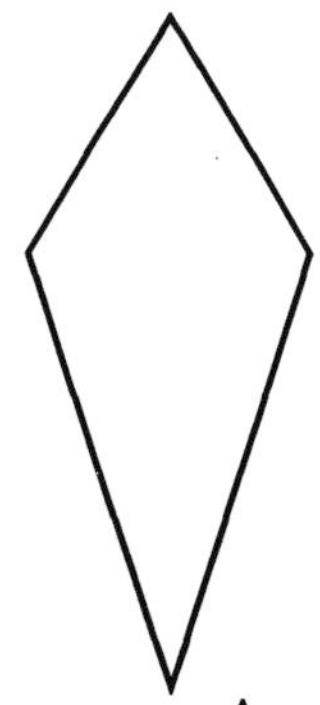

A =____ · ____ : 2 = ____   A =____ · ____ : 2 = ____

(3) Zeichne mit Farbe ein Rechteck, das genau doppelt so groß wie das Trapez ist. Miss Länge und Breite und berechne so den Flächeninhalt.

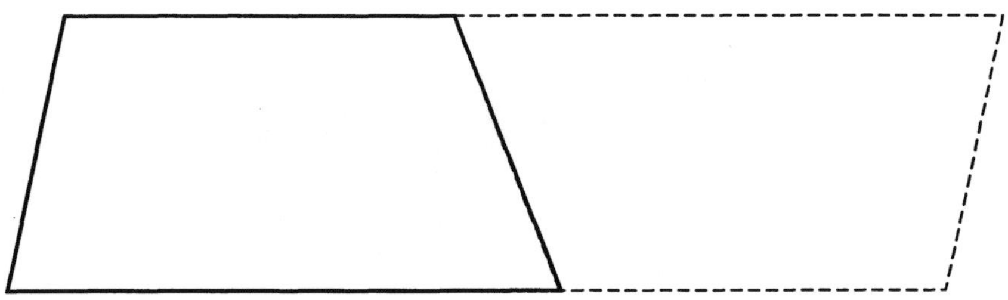

A =____ · ____ : 2 = ____

(4) Zeichne mit Farbe ein Rechteck, das genau doppelt so groß wie das Trapez ist. Miss Länge und Breite und berechne so den Flächeninhalt.

A =____ · ____ : 2 = ____

Schreibe zu jeder Zeichnung die passende Formel.

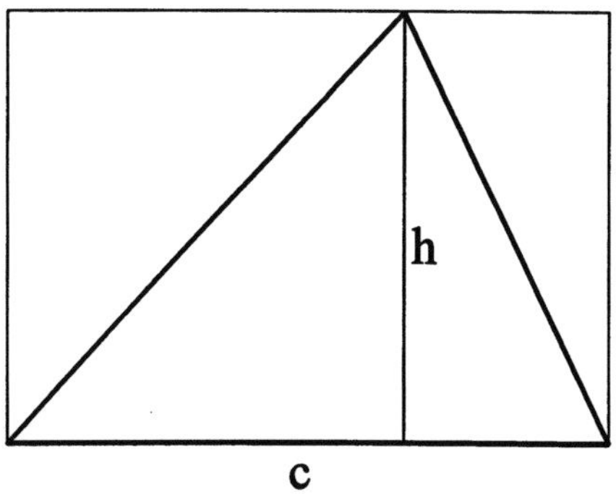

Formel

$$A = \frac{h \cdot c}{2}$$

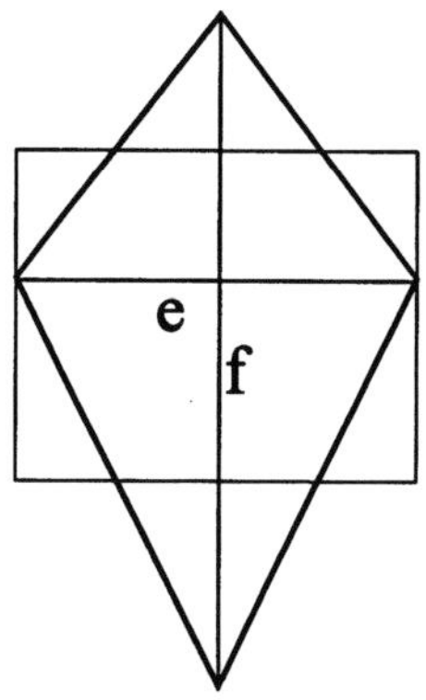

Formel

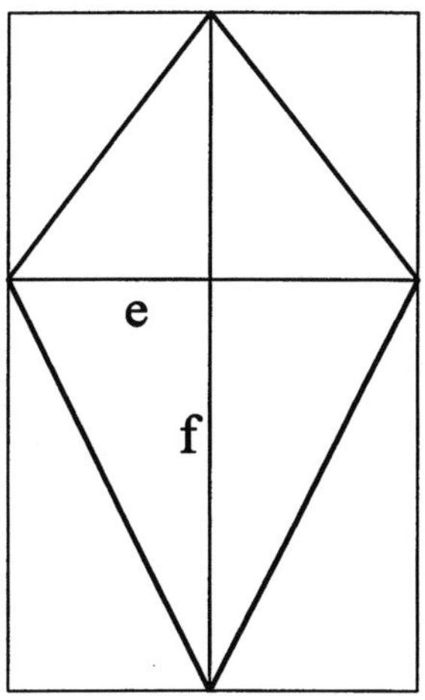

Formel

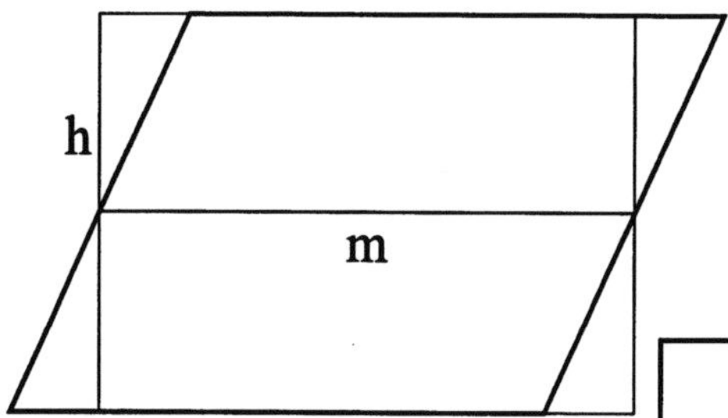

Formel

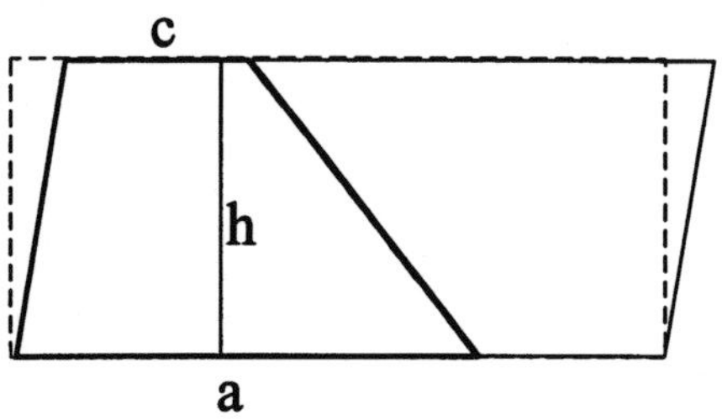

Formel

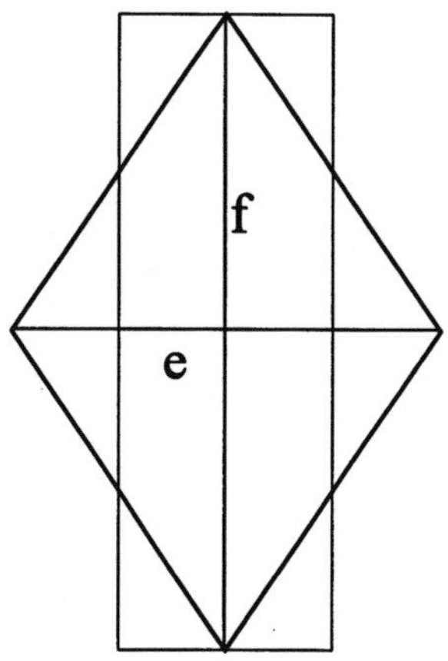

Formel

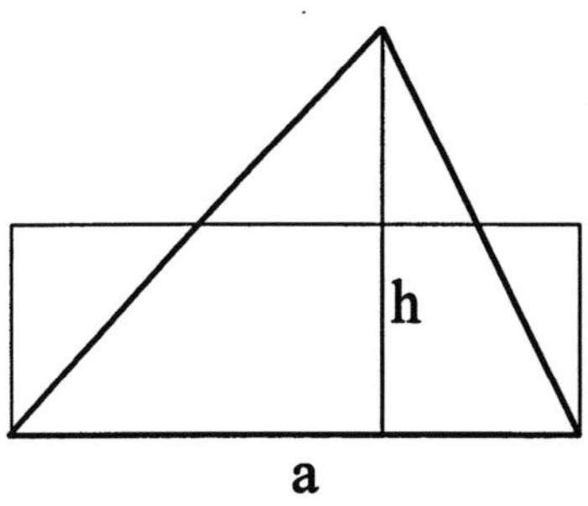

Formel

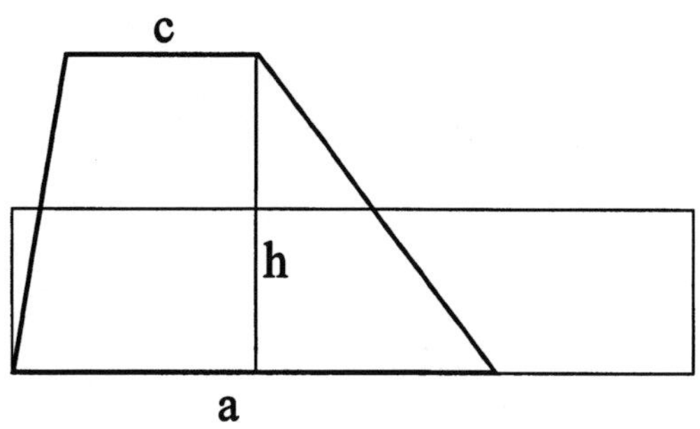

Formel

Der Plan zeigt die Wohnung der Familie Maier. Der Maßstab beträgt 1:100. Das bedeutet: 1 cm im Plan entspricht 100 cm in Wirklichkeit. Miss die Zimmer im Plan aus und berechne so den gesamten Flächeninhalt.

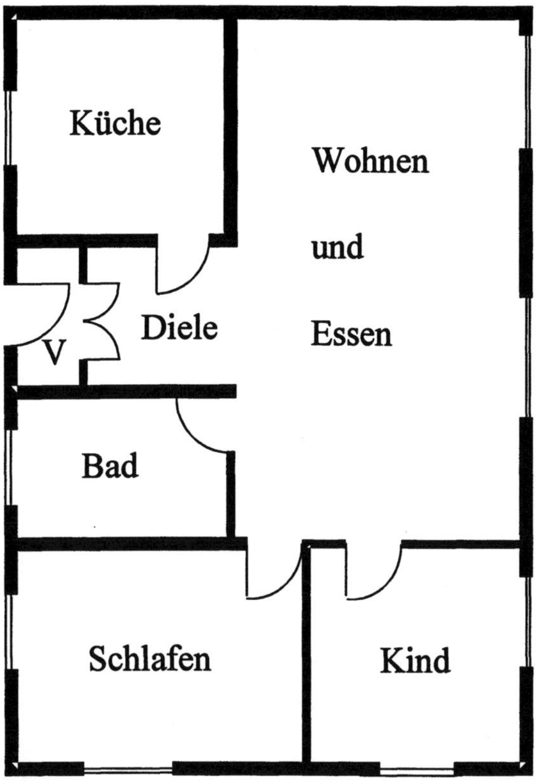

Wohnflächenberechnung (in m²)

Küche: ______________

Vorraum: ______________

Diele: ______________

Wohn- und Esszimmer: ______________

Schlafzimmer: ______________

Kinderzimmer: ______________

Bad: ______________

Gesamtfläche: ______________

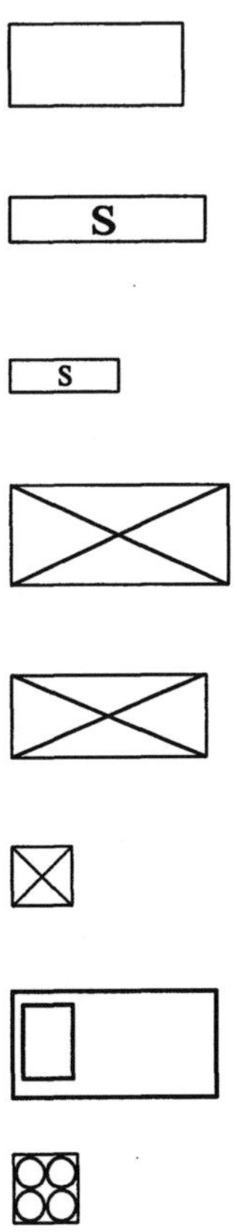

Tisch

großer Schrank

kleiner Schrank

Bett für Erwachsene

Kinderbett

Stuhl

Badewanne

Elektroherd

Zeichne in den Plan Möbel ein.

Benutze dazu die abgebildeten Symbole.

Du kannst weitere Möbel einzeichnen. Beispiele: Sessel, Küchenmöbel, Waschbecken, Garderobe. Miss dazu zu Hause Länge und Breite ab und zeichne ein Rechteck, das diese Maße hat.

Beispiel: Waschbecken ______________

Länge in Wirklichkeit: ______________

Breite in Wirklichkeit: ______________

Länge in der Zeichnung: ______________

Breite in der Zeichnung: ______________

Du kannst dir eine Traumwohnung zeichnen. Unten ist lediglich der Umriss gezeichnet. Die Wohnung sollte Küche, Wohnzimmer, Bad, Elternschlafzimmer und zwei Kinderzimmer enthalten. Du kannst weitere Zimmer einfügen. Vergiss nicht Türen und Fenster einzuzeichnen. Maßstab 1:100

Wohnflächenberechnung (in m²)

Küche: ______________

Wohn-, Esszimmer: ______________

Schlafzimmer: ______________

Kinderzimmer: ______________

Kinderzimmer: ______________

Bad: ______________

__________ ______________

__________ ______________

____

 Tisch

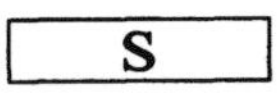

großer Schrank

 Kücheneinbauschrank

 Bett für Erwachsene

 Kinderbett

 Stuhl

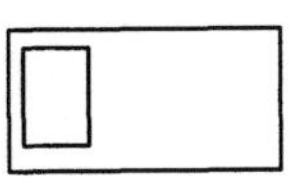 Badewanne

 Elektroherd

Zeichne in den Plan Möbel ein.

Benutze dazu die abgebildeten Symbole.

Du kannst weitere Möbel einzeichnen. Beispiele: Sessel, Küchenmöbel, Waschbecken, Garderobe. Miss dazu zu Hause Länge und Breite ab und zeichne ein Rechteck, das diese Maße hat.

Beispiel: Kühlschrank ______________

Länge in Wirklichkeit: ______________

Breite in Wirklichkeit: ______________

Länge in der Zeichnung: ______________

Breite in der Zeichnung: ______________

Du sollst den Grundriss von einem Einfamilienhaus entwerfen. Es besteht aus einem Stockwerk und enthält ein Wohnzimmer, ein Esszimmer, eine Küche, ein Elternschlafzimmer, zwei Kinderzimmer, ein Bad und einen Abstellraum. Die Diele, einen Vorraum und eventuell andere Räume darfst du, falls genügend Platz ist, einplanen. Berechne in deinem Heft die Wohnraumfläche.

Auf dem Plan sind die Grenzen der Bebauung eingezeichnet. Diese dürfen an keiner Stelle überschritten werden. Das Haus kann aber kleiner sein. Die Haustür sollte auf der Straßenseite, Wohn- und Esszimmer nach Süden liegen. Die Außenwände sind 30 cm, die Innenwände 15 cm dick. Vergiss nicht Türen und Fenster einzuzeichnen.

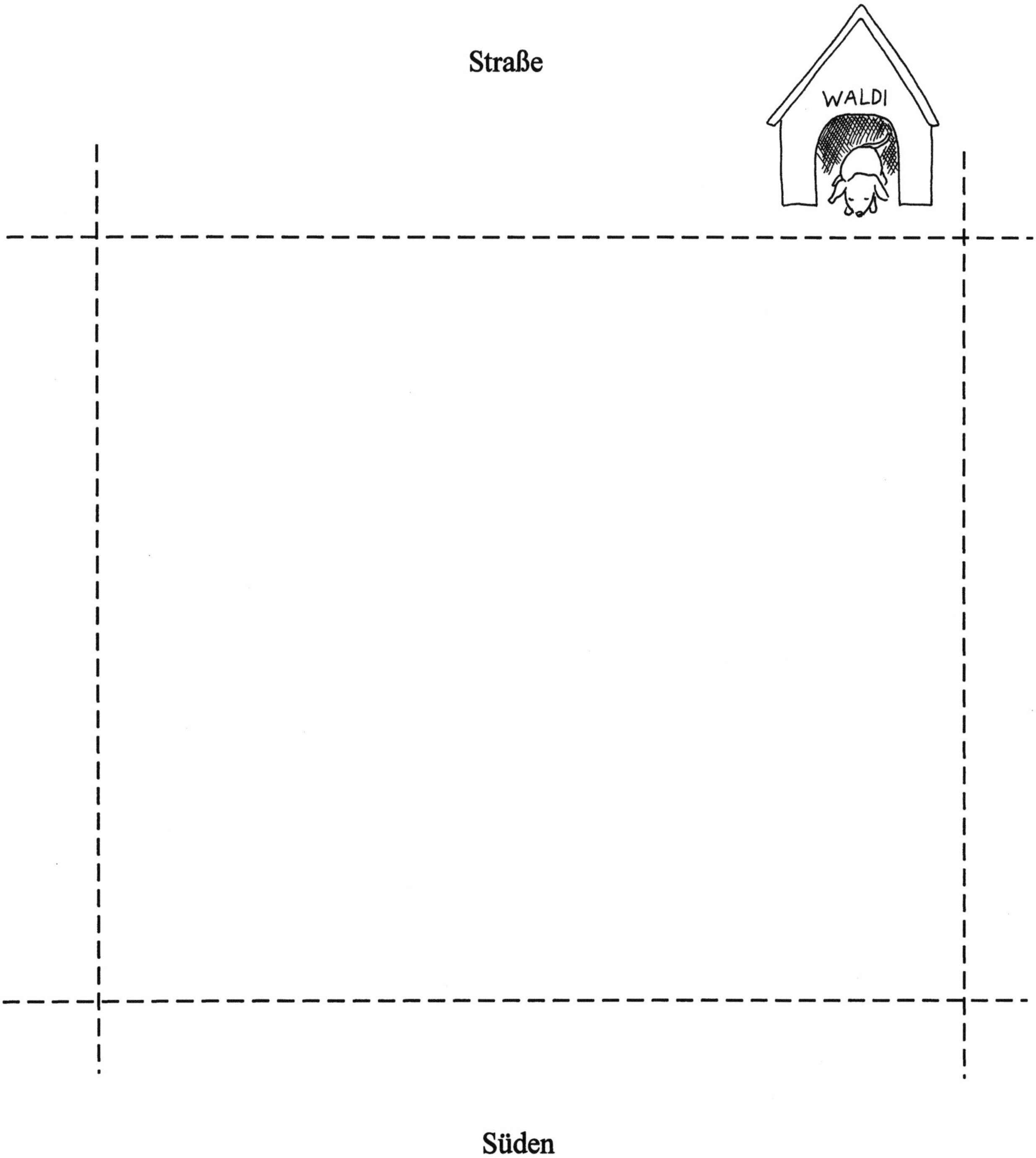

① Zeichne das regelmäßige Sechseck fertig.

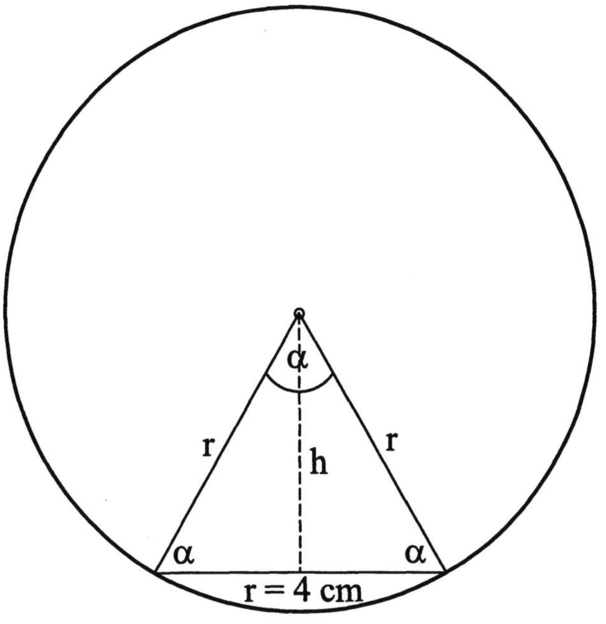

Warum beträgt α 60° ?

α = *60°, weil* ____________________

Warum ist eine Seite des Sechsecks genauso lang wie der Radius?

Das Dreieck hat drei gleich große Winkel und

____

Wie groß ist der Umfang des Sechsecks?

U = ____________________

Wie groß ist der Flächeninhalt eines Dreiecks? h darf abgemessen werden.

A (Dreieck) = ____________________

Wie groß ist der Flächeninhalt des Sechsecks?

A (Sechseck) = ____________________

② Zeichne ein Sechseck, indem du auf der Kreislinie mit dem Zirkel sechsmal den Radius abträgst. Berechne Umfang und Flächeninhalt des Sechsecks.

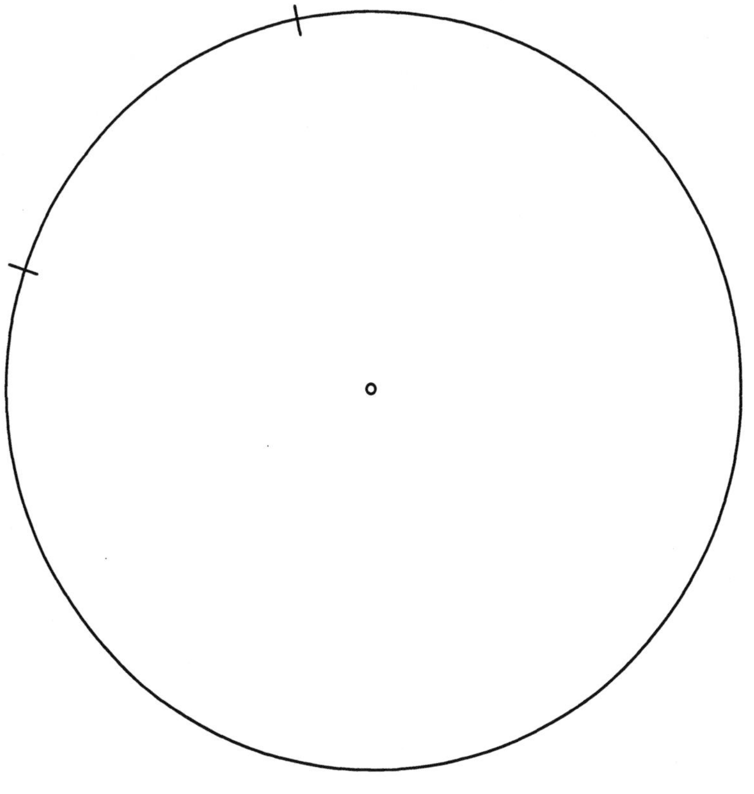

U = ____________________

____

A = ____________________

____

Zeichne in dein Heft ein regelmäßiges Sechseck mit der Kante 6,5 cm. Berechne Umfang und Flächeninhalt.

(1) Zeichne die beiden Achtecke fertig. Zeichne das Achteck um den Kreis rot, das Achteck im Kreis grün. Berechne Umfang und Flächeninhalt der beiden Achtecke. Fehlende Strecken dürfen abgemessen werden.

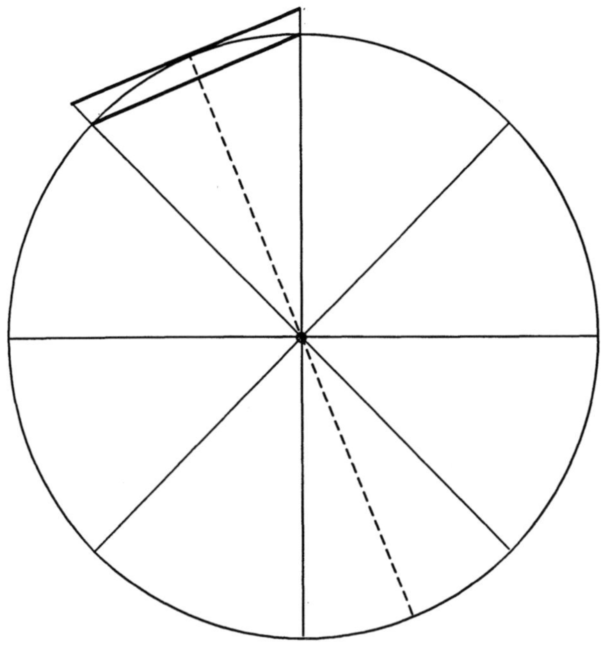

U (inneres Achteck) = ______________

U (äußeres Achteck) = ______________

A (inneres Dreieck) = ______________

A (äußeres Dreieck) = ______________

A (inneres Achteck) = ______________

A (äußeres Achteck) = ______________

(2) Zeichne in den Kreis und um den Kreis jeweils ein Achteck. Gehe geschickt vor, indem du den Kreis zuerst in vier gleiche Teile teilst. Berechne Umfang und Flächeninhalt. Fehlende Strecken dürfen abgemessen werden.

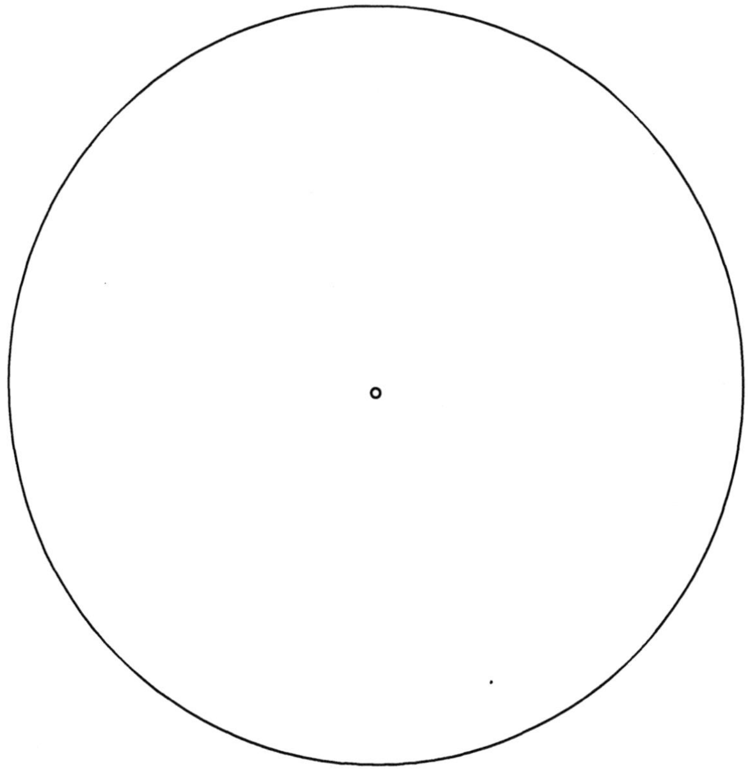

U (i) = ______________

U (ä) = ______________

A (iD) = ______________

A (äD) = ______________

A (i) = ______________

A (ä) = ______________

(1) Berechne zuerst die Umfänge der beiden Sechsecke. Der Mittelwert der beiden ergibt ungefähr den Umfang des Kreises. Verfahre genauso beim Flächeninhalt.

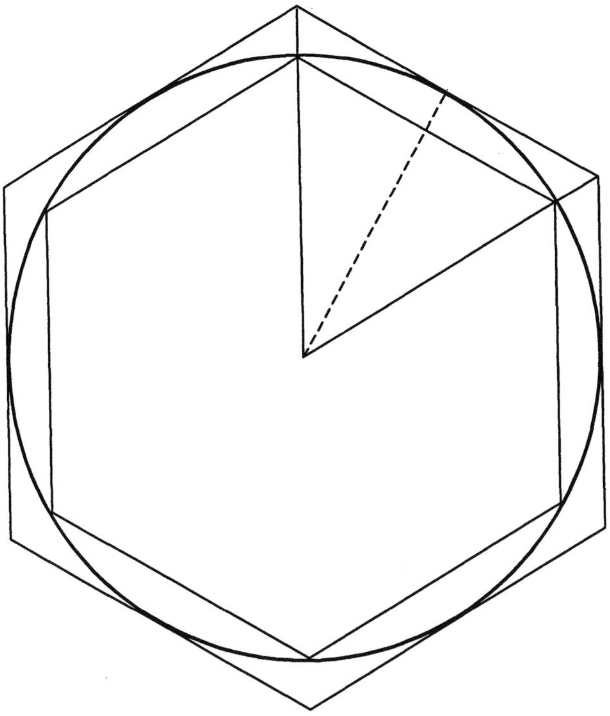

U (inneres Sechseck) = ____________

U (äußeres Sechseck) = ____________

U (Kreis) = ____________

A (äußeres Sechseck) = ____________

A (inneres Sechseck) = ____________

A (Kreis) = ____________

(2) Berechne Umfang und Flächeninhalt des Kreises mit Hilfe der beiden Achtecke.

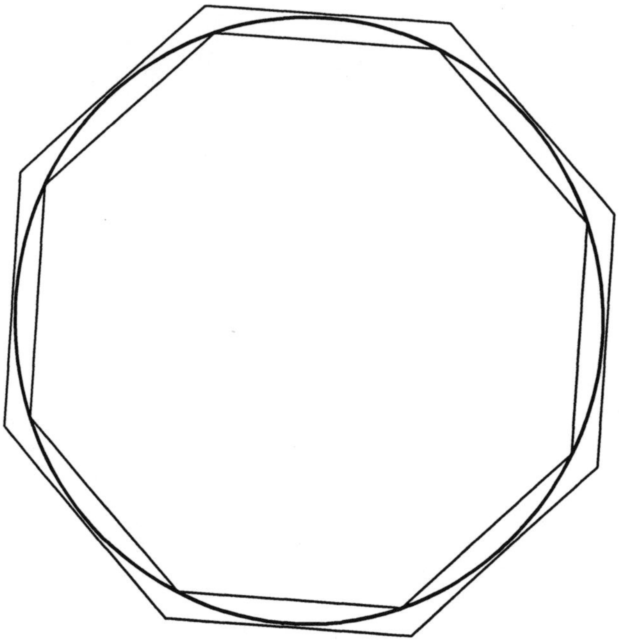

U (inneres Achteck) = ____________

U (äußeres Achteck) = ____________

U (Kreis) = ____________

A (äußeres Achteck) = ____________

A (inneres Achteck) = ____________

A (Kreis) = ____________

(1) Erkläre, wie viele Radiusquadrate ungefähr in den Kreis passen.

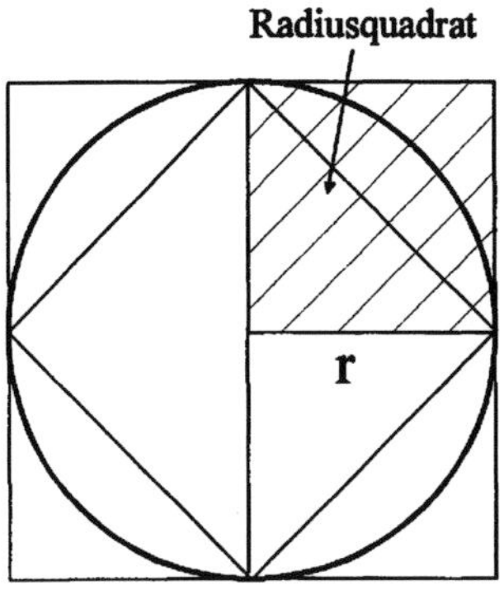

Der Kreis wird von ___ Radiusquadraten überdeckt.

Schneidet man die überstehenden Ecken ab, dann ____

____

____

(2) Der Radius des Kreises beträgt 2 cm. Berechne:

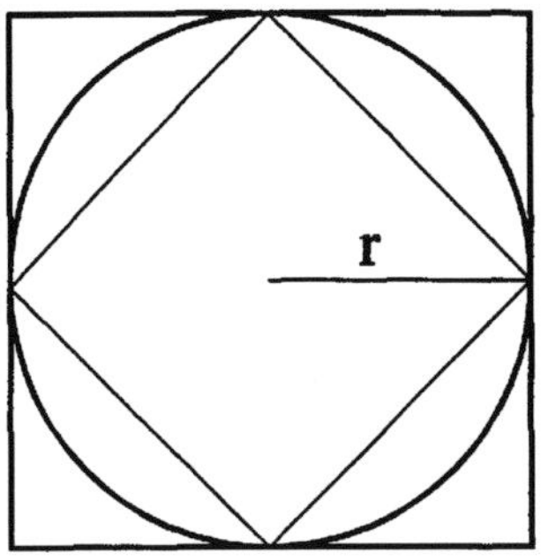

A (Radiusquadrat) = ________________

A (äußeres Quadrat) = ________________

A (inneres Quadrat) = ________________

Mittelwert = ________________

(3) Begründe an der Zeichnung, warum der Umfang des Kreises etwas größer als 6 Radien sein muss.

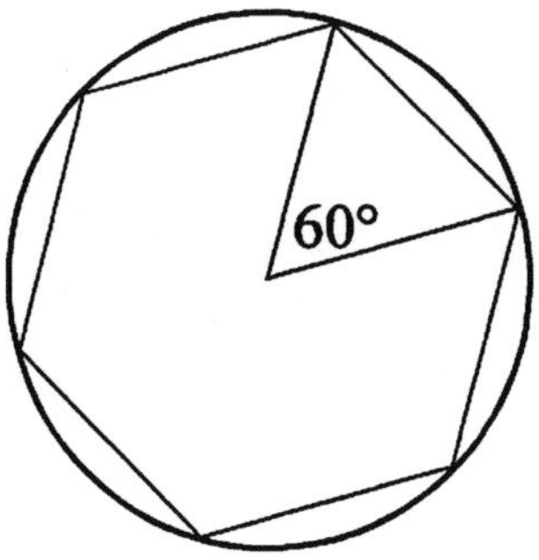

Beim Sechseck ist eine Kante gerade so lang wie _____

__________ *. Der Umfang des Sechsecks ist deshalb so*

groß wie ______________ *. Der Umfang des Kreises*

____

(4) Miss mit einem Bindfaden und dem Lineal den Umfang und Durchmesser verschiedener kreisrunder Gegenstände möglichst genau ab und berechne, wie oft der Durchmesser in den Umfang passt.

	Topf	2-€-Stück	Schallplatte	Teller	Glas	CD
Umfang						
Durchmesser						
U : d						

(1) Berechne Umfang und Flächeninhalt des Kreises. Miss die fehlenden Strecken ab.

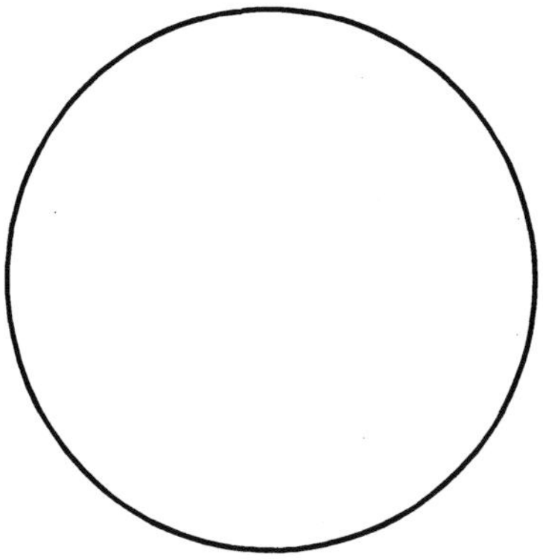

Durchmesser: d = ________

Radius: r = ________

Umfang: U = ______________________________

Flächeninhalt: A = ______________________________

---

(2) Der Durchmesser eines Kreises beträgt d = 4,6 cm. Zeichne den Kreis und berechne Umfang und Flächeninhalt.

Durchmesser: d = ________

Radius: r = ________

Umfang: U = ______________________________

Flächeninhalt: A = ______________________________

---

(3) Von einem Kreis ist der Umfang U = 18,84 cm bekannt. Zeichne den Kreis und berechne den Flächeninhalt.

Umfang: U = ________

Durchmesser: d = ______________________________

Radius: r = ______________________________

Flächeninhalt: A = ______________________________

---

(4) Das Radiusquadrat eines Kreises hat den Flächeninhalt A = 16 cm². Wie groß sind Umfang und Flächeninhalt des Kreises?

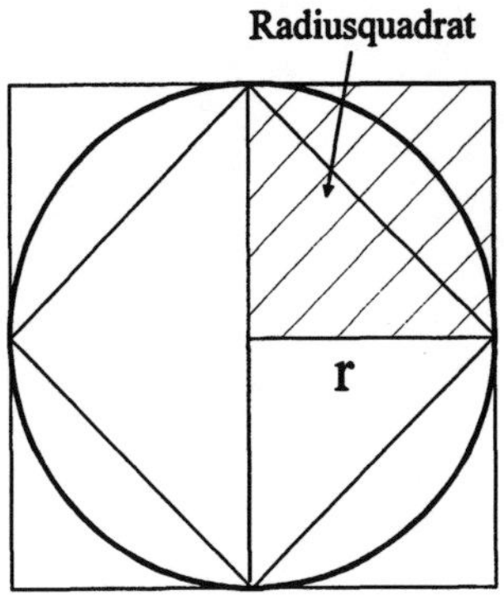

Radius: r = ________

Durchmesser: d = ________

Umfang: U = ______________________________

Flächeninhalt: A = ______________________________

① Eine Tischlerwerkstatt hat den Auftrag, einen kreisrunden Tisch mit einem Durchmesser von 1,2 m herzustellen. Welchen Flächeninhalt hat die Tischplatte?

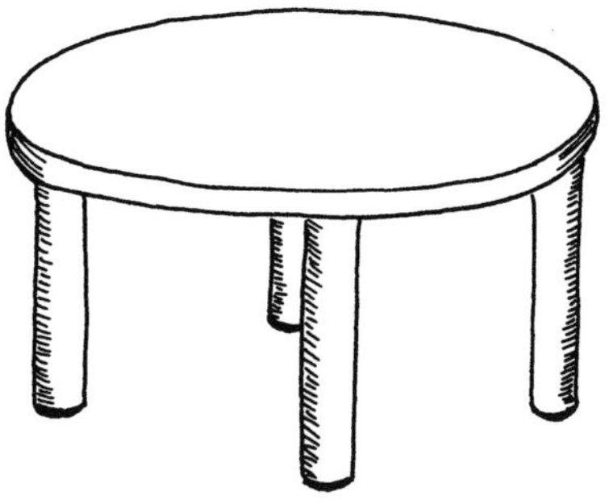

Rechnung: ______________________

Antwort: ______________________

② Hans hat ein Fahrrad, dessen Räder einen Durchmesser von 66 cm haben. Welchen Weg haben die Räder nach 50 Umdrehungen zurückgelegt?

Rechnung: ______________________

Antwort: ______________________

③ Maria soll im Werkunterricht aus einer 30 cm langen und 20 cm breiten Holzplatte einen möglichst großen Kreis aussägen. Wie viel cm^2 Abfall entsteht?

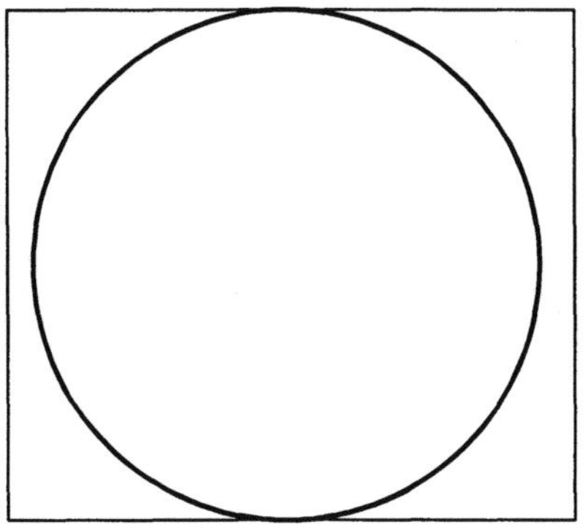

Rechnung: ______________________

Antwort: ______________________

④ Die Stadtgärtnerei legt einen kreisrunden Teich in einem rechteckigen Grundstück von 20 m Länge und 15 m Breite so in die Ecke, dass auf zwei Seiten noch mindestens 3 m für Begrünung bleiben.
Wie groß wird die Fläche des Teiches?

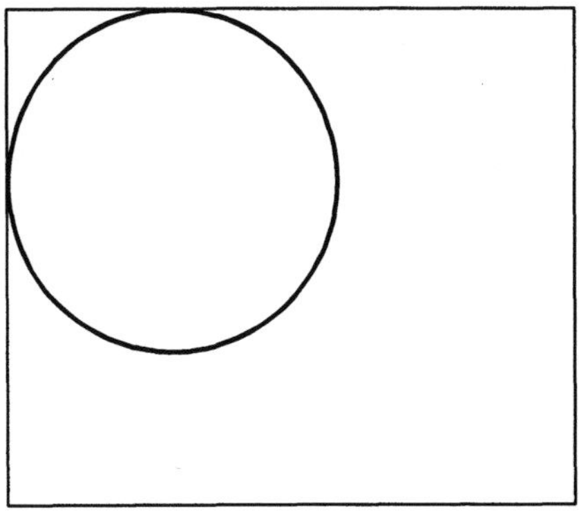

Rechnung: ______________________

Antwort: ______________________

① Welchen Bruchteil stellt der schraffierte Kreisausschnitt dar? Gib die Größe von α an.

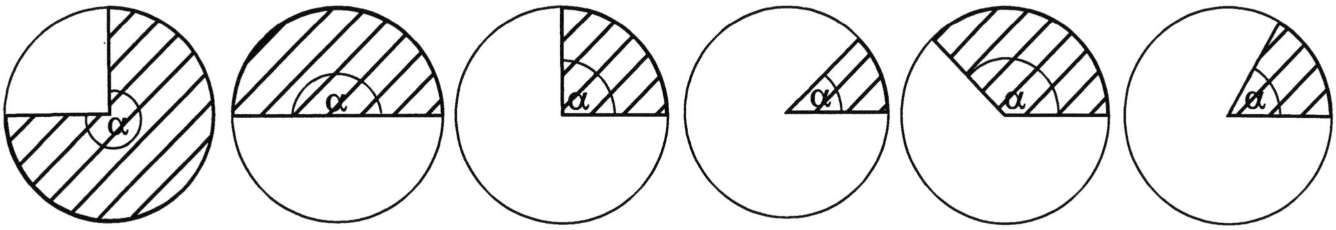

$\frac{3}{4}$

α = ____ α = ____ α = ____ α = ____ α = ____ α = ____

② Berechne den Flächeninhalt des schraffierten Kreisausschnittes. (r = 3 cm)

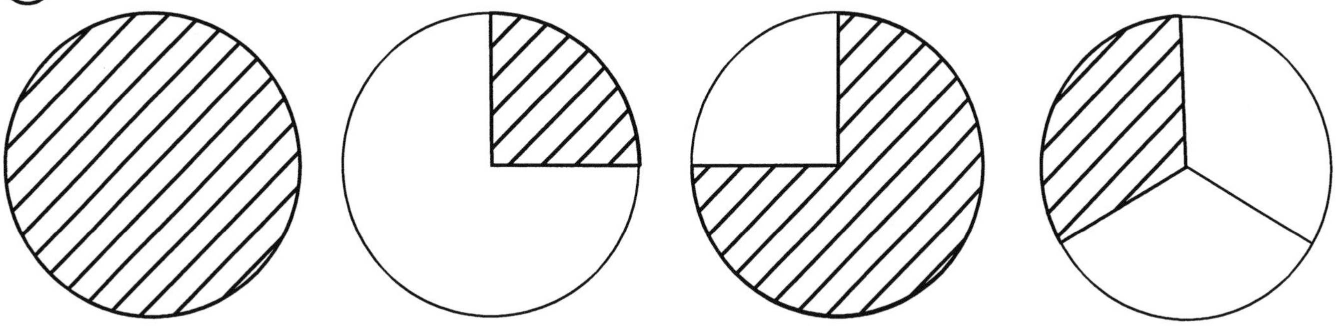

A = ________ A = ________ A = ________ A = ________

③ Berechne den Flächeninhalt des schraffierten Kreisausschnittes. (r = 5 cm)

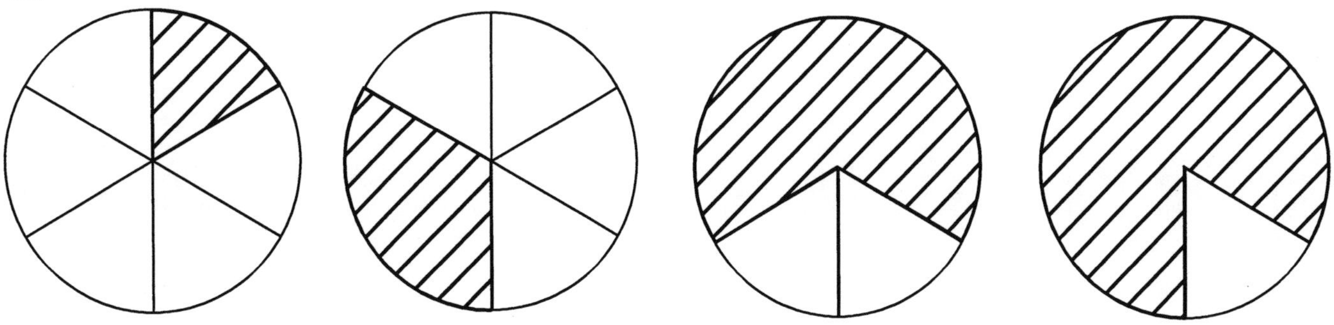

A = ________ A = ________ A = ________ A = ________

④ Berechne den Flächeninhalt des schraffierten Kreisausschnittes. (r = 2 cm)

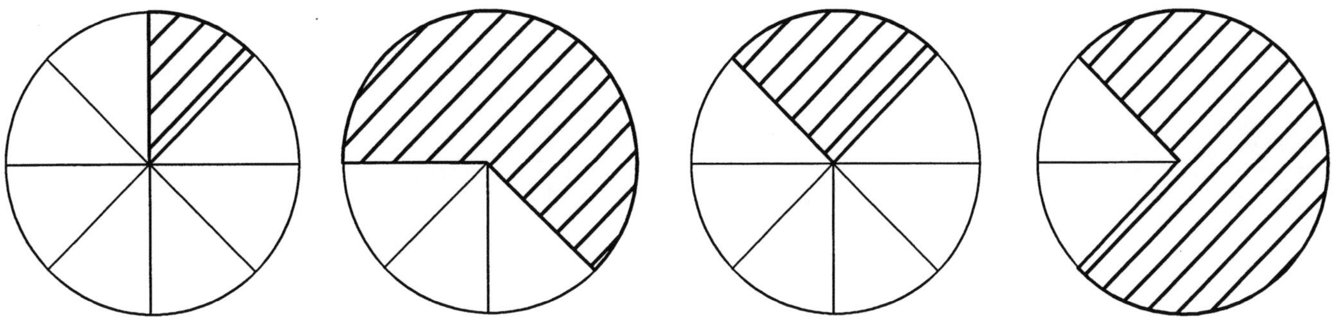

A = ________ A = ________ A = ________ A = ________

Bd. 197. Anton Ottmann: Geometrie – 8. Schuljahr

(1) Zu jedem Winkel gehört ein Kreisbogen. Zeichne zu den angegebenen Winkeln die passenden Bogen und berechne sie. Die Bogen zu 360° und 1° sind nicht zu zeichnen. Setze die Winkel nebeneinander.

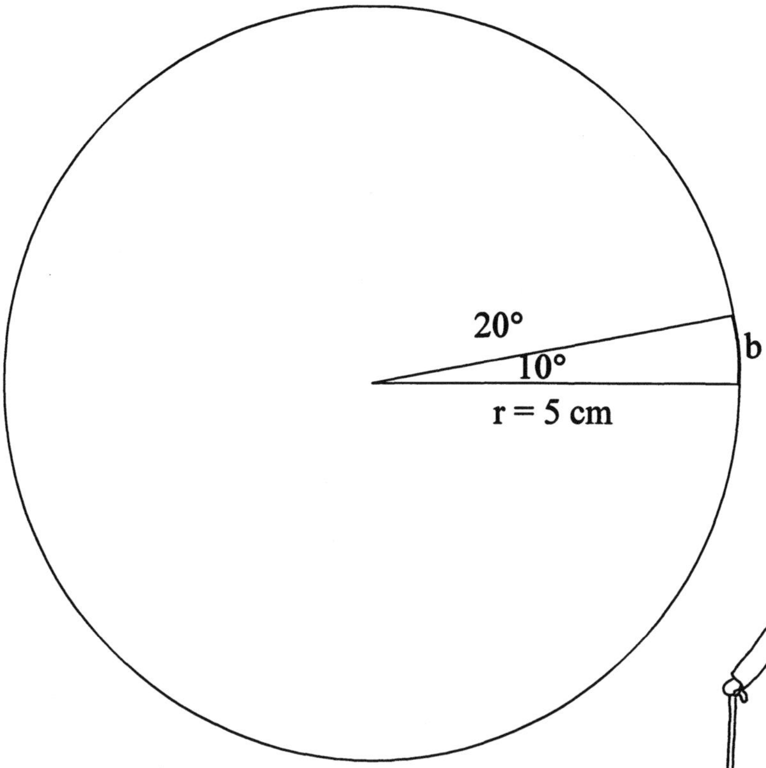

α	b
360°	
1°	
10°	
20°	
90°	
75°	
43°	
60°	
16°	
45°	

(2) Zeichne den Kreisausschnitt zu den angegebenen Winkeln mit Ausnahme von $\alpha = 360°$ und $\alpha = 1°$. Berechne die Flächeninhalte der Kreisausschnitte.

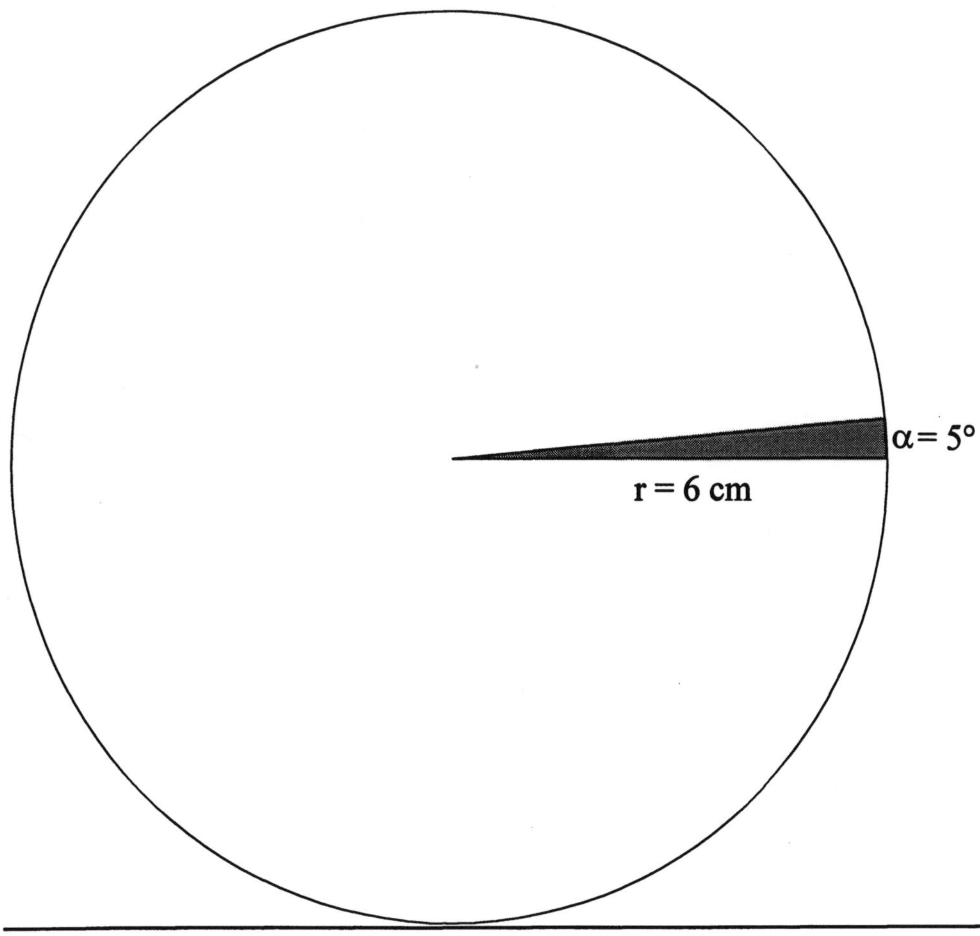

α	A
360°	
1°	
5°	
25°	
90°	
75°	
43°	
67°	
16°	
38°	

Persen
Bd. 197. Anton Ottmann: Geometrie – 8. Schuljahr

(1) Runde Gartenanlage mit Weg: Mit wie viel m² Platten muss der Weg ausgelegt werden?

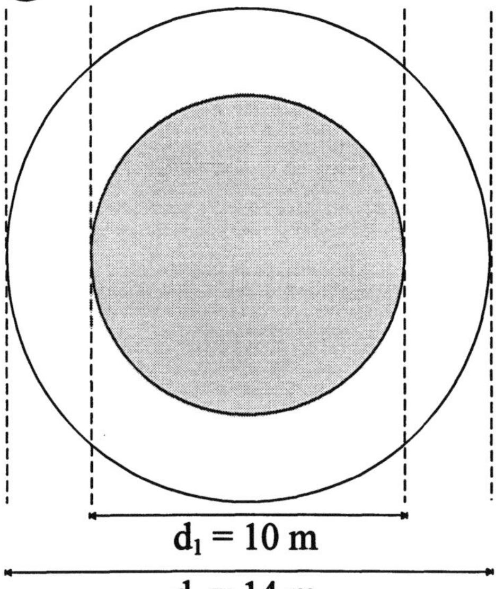

Flächeninhalt der ganzen Anlage: ______________

Flächeninhalt des Blumenbeetes: ______________

____

Flächeninhalt des Weges: ______________

(2) Die Stadtgärtnerei baut einen kreisrunden Seerosenteich mit einem Radius von 3 m. Er wird von einem kreisrunden 1,50 m breiten Kiesweg umgeben. Fertige eine Skizze an.

Flächeninhalt der ganzen Anlage: ______________

Flächeninhalt des Teiches: ______________

____

Flächeninhalt des Weges: ______________

(3) Familie Maier plant einen kreisrunden Gartenteich mit einem 50 cm breiten Weg außen herum. Das Ganze kann insgesamt 7 m breit werden. Fertige eine Skizze an.

Flächeninhalt der ganzen Anlage: ______________

Flächeninhalt des Teiches: ______________

____

Flächeninhalt des Weges: ______________

(1) Berechne Umfang und Flächeninhalt der Figur.

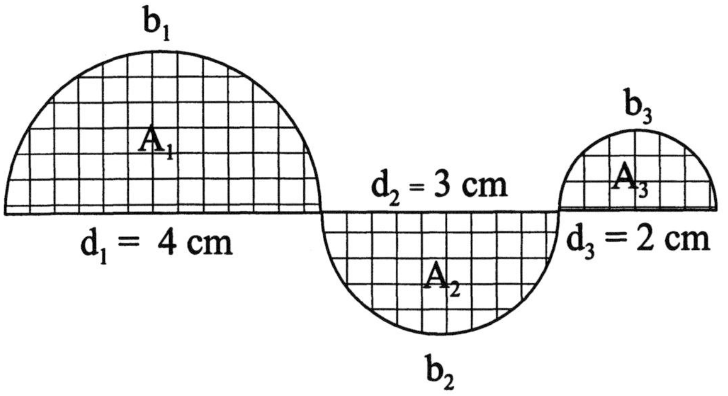

$U = b_1 + d_2 + b_3 + d_3 + b_2 + d_1$

= ______________________

$A = A_1 + A_2 + A_3$

= ______________________

(2) Berechne Umfang und Flächeninhalt der Figur. Teile in Bogen und Flächen auf.

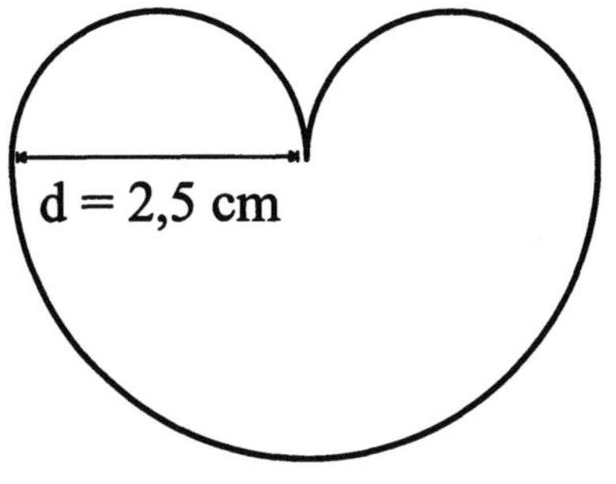

U = ______________________

= ______________________

A = ______________________

= ______________________

(3) Berechne Umfang und Flächeninhalt der Figur. Teile in Bogen und Flächen auf.

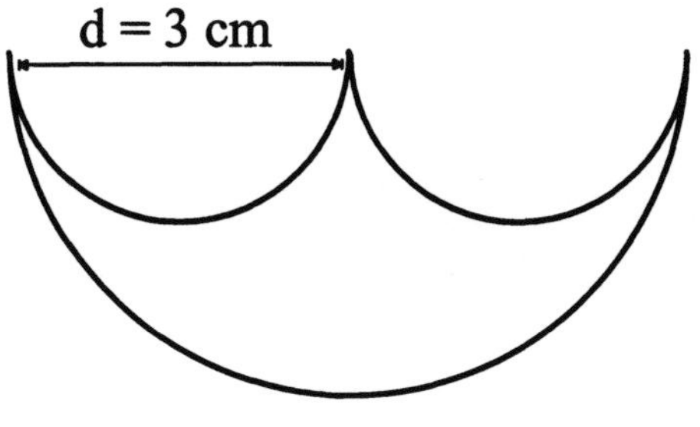

U = ______________________

= ______________________

A = ______________________

= ______________________

(4) Berechne Umfang und Flächeninhalt der Figur. Teile in Bogen und Flächen auf.

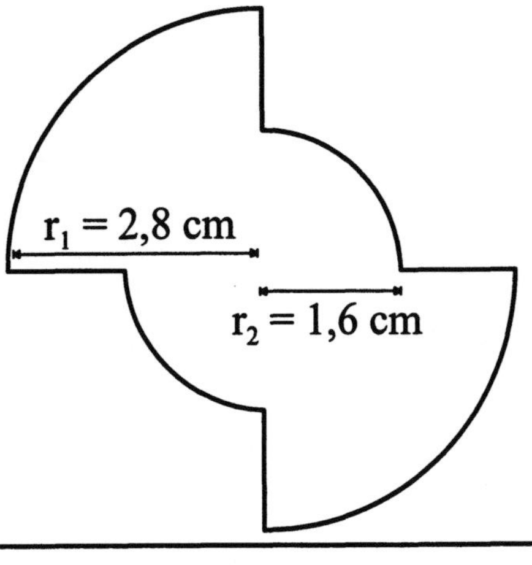

U = ______________________

= ______________________

A = ______________________

= ______________________

(1) Zeichne drei verschiedene Rechtecke, deren Ecken auf der Kreislinie liegen. Zeichne von jedem Rechteck den Schnittpunkt der Diagonalen. Was fällt dir auf?

Die drei Rechtecke haben gemeinsam

____

Der Kreismittelpunkt ist gleichzeitig

____

Jede Diagonale ist gleichzeitig ein

__________________ *des Kreises.*

(2) Zeichne jeweils einen Kreis, der durch die Ecken des Rechtecks geht. Wie findest du den Mittelpunkt? Es gibt zwei Möglichkeiten.

Der Mittelpunkt des Kreises ist der Schnittpunkt der ______________________________

____

(1) Zeichne in die Kreise jeweils ein Rechteck mit den vorgegebenen Eckpunkten und Diagonalen.

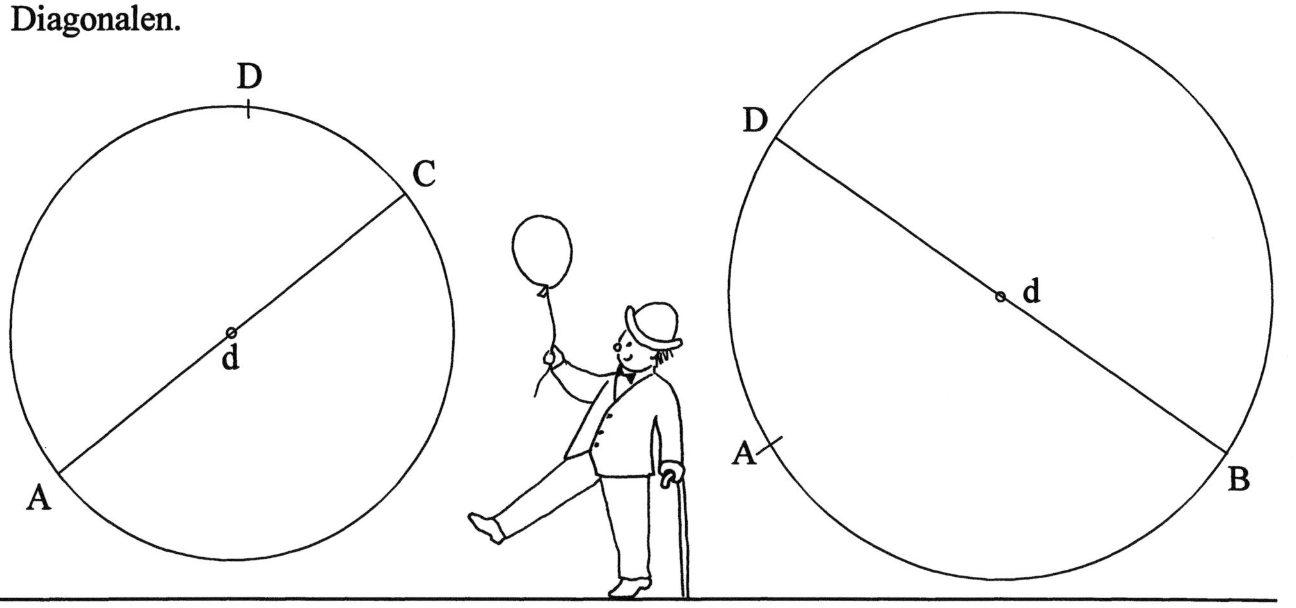

(2) Zeichne jeweils ein Rechteck in die Kreis, eine Seite ist vorgegebenen. Konstruiere den Mittelpunkt.

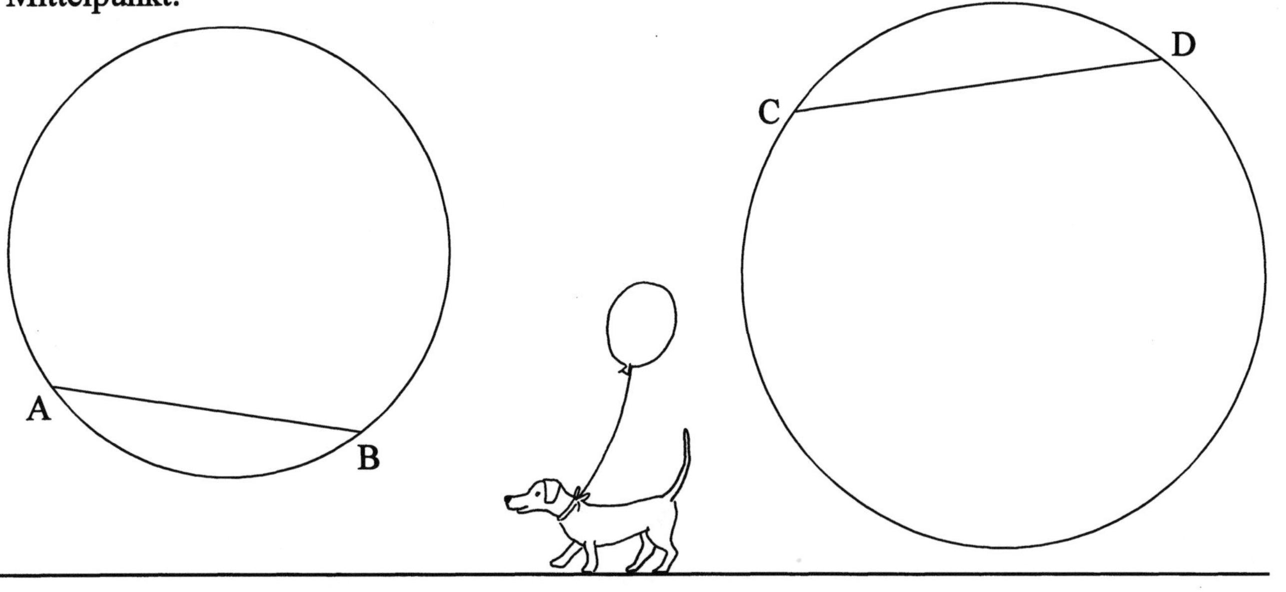

(3) Zeichne in den Kreis zwei verschiedene Rechtecke mit der vorgegebenen Diagonalen.

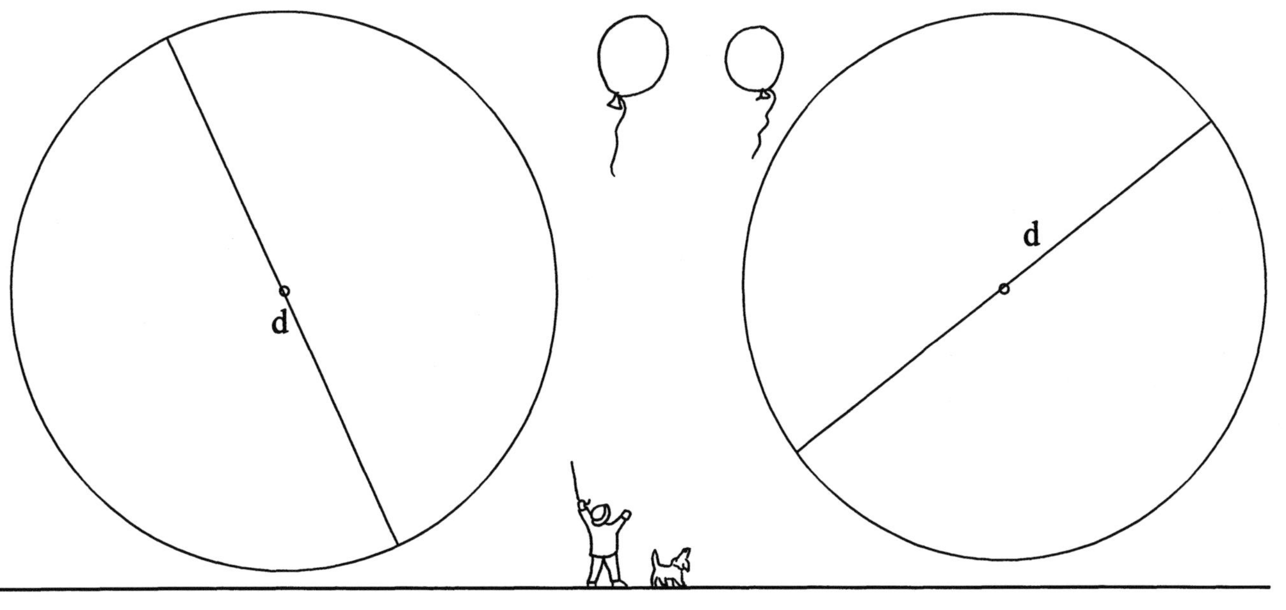

Bd. 197. Anton Ottmann: Geometrie – 8. Schuljahr

(1) **Angaben** **Planfigur** **Konstruktion**

$\alpha = 30°$
$c = 6{,}0$ cm

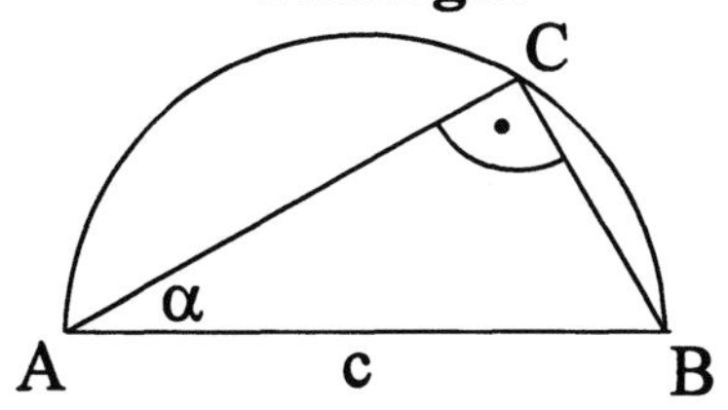

Beschreibung

____

____

____

(2) **Angaben** **Planfigur** **Konstruktion**

$b = 3{,}5$ cm
$c = 5{,}7$ cm

Beschreibung

____

____

____

(3) **Angaben** **Planfigur** **Konstruktion**

$\beta = 56°$
$c = 6{,}5$ cm

Beschreibung

____

____

____

Male die Kanten, die du in Wirklichkeit siehst, rot an. Schreibe zu jedem Körper seine Form.

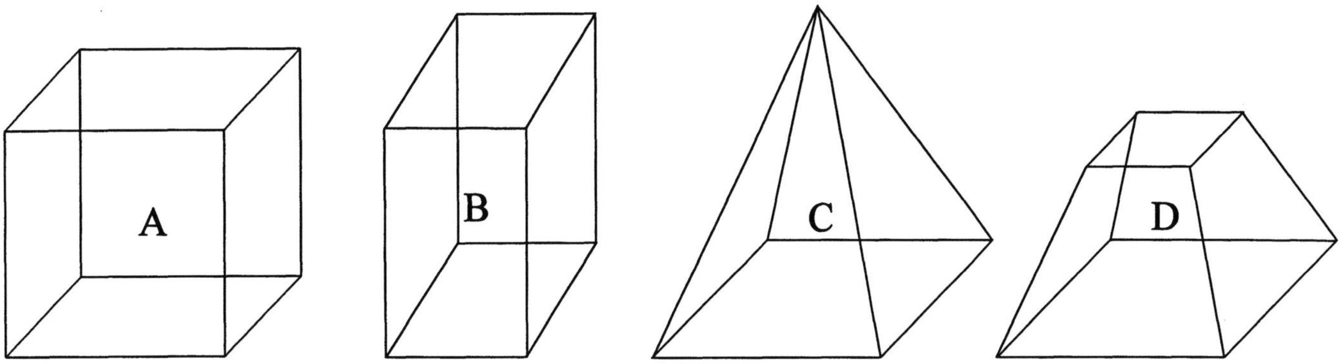

Würfel ______ ______ ______

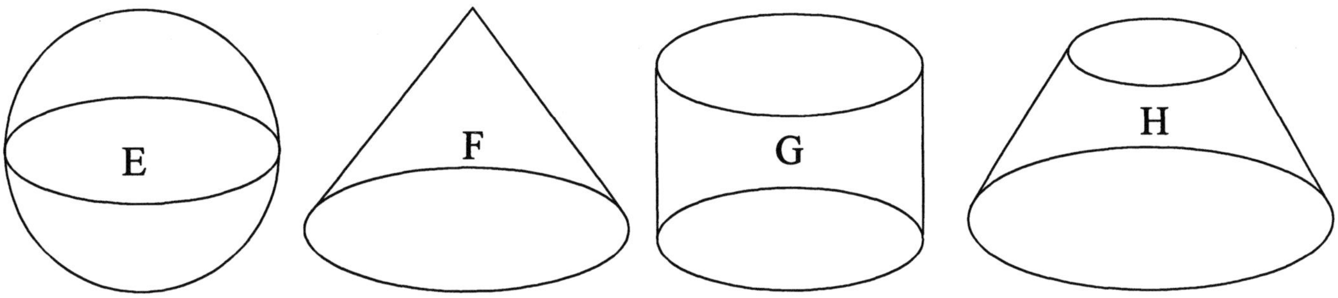

______ ______ ______ ______

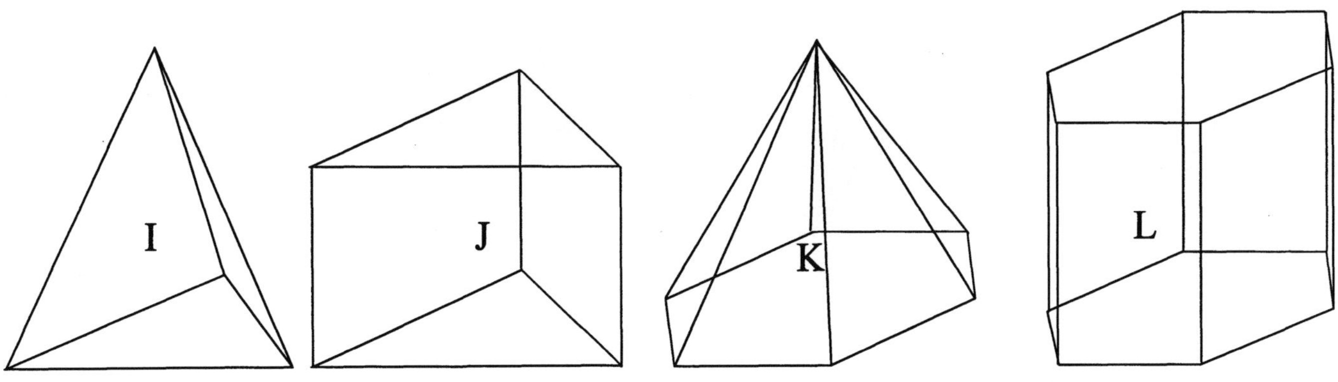

______ ______ ______ ______

	A	B	C	D	E	F	G	H	I	J	K	L
Anzahl Ecken	8											
Anzahl Kanten	12											
Anzahl Flächen	6											

Male die Kanten, die du in Wirklichkeit siehst, rot an.

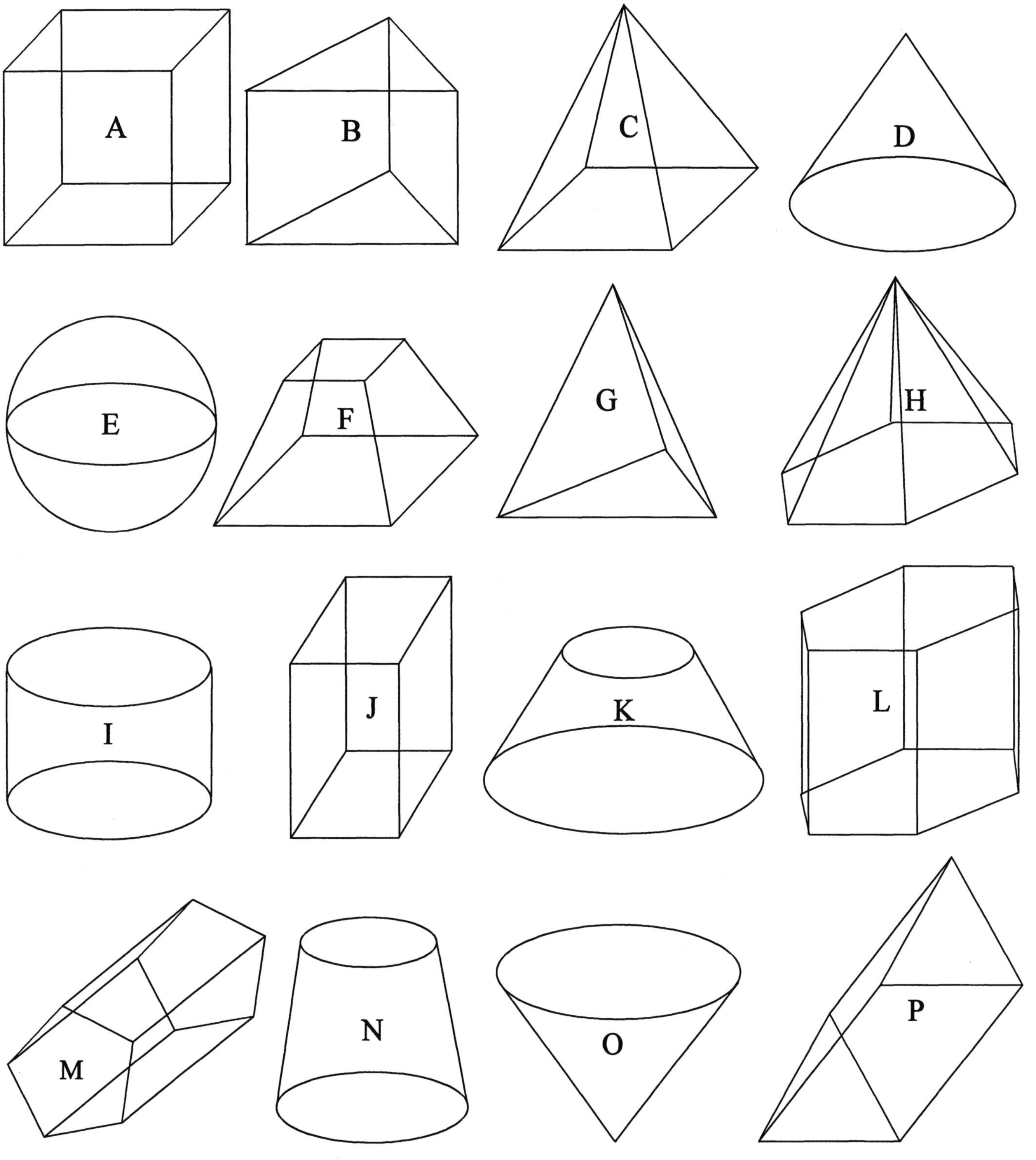

Kreuze an, zu welchen Gruppen die abgebildeten Körper gehören.

	A	B	C	D	E	F	G	H	I	J	K	L	M	N	O	P
Säulen	✗															
Prismen	✗															
Spitzkörper																

Ordne zu!

Würfel	Quader	quadratische Säule	Dreiecks-säule	Sechsecks-säule
quadratische Pyramide	Dreiecks-pyramide	Zylinder	Kegel	

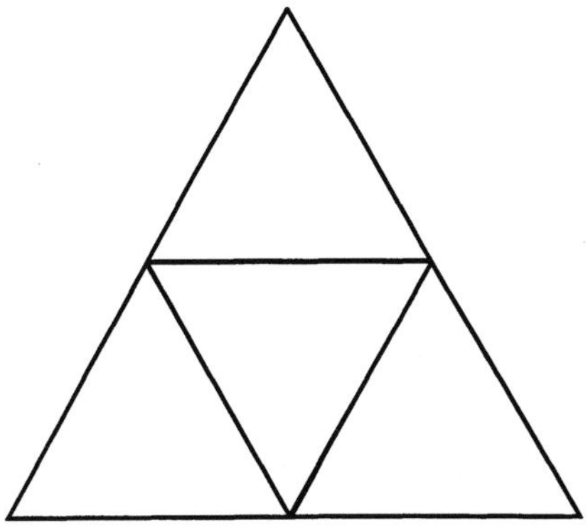

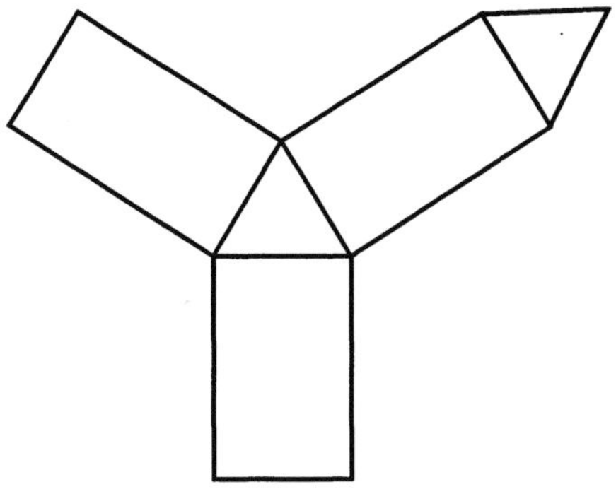

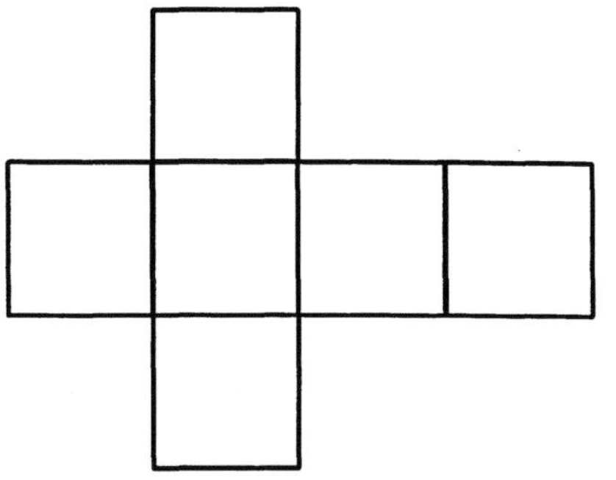

Würfel

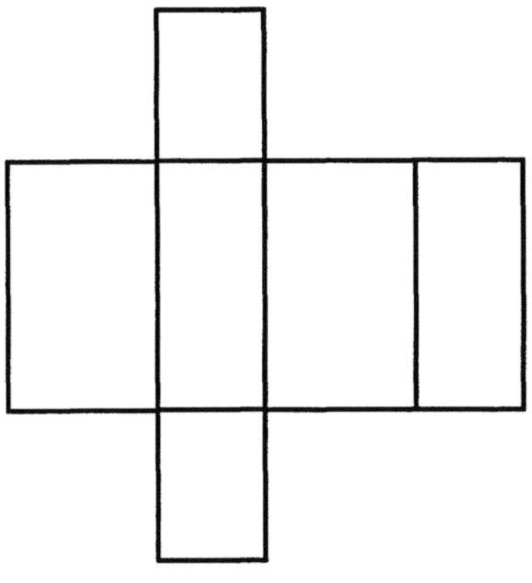

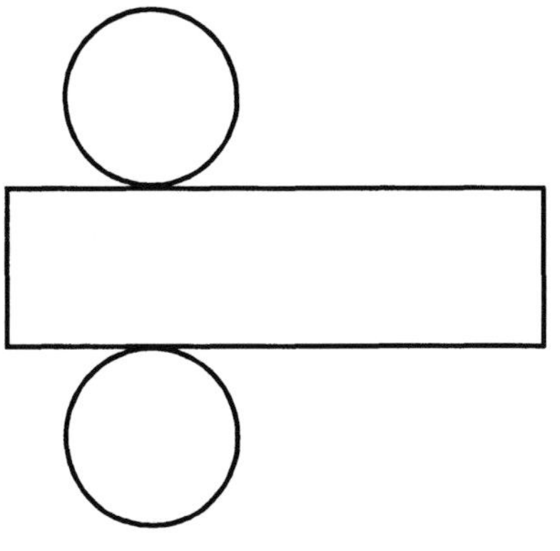

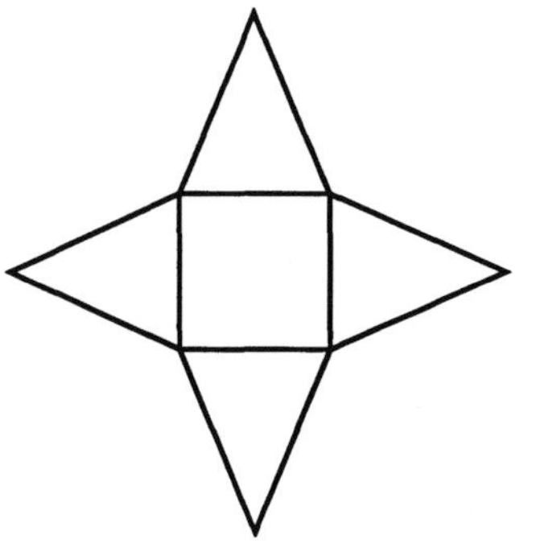

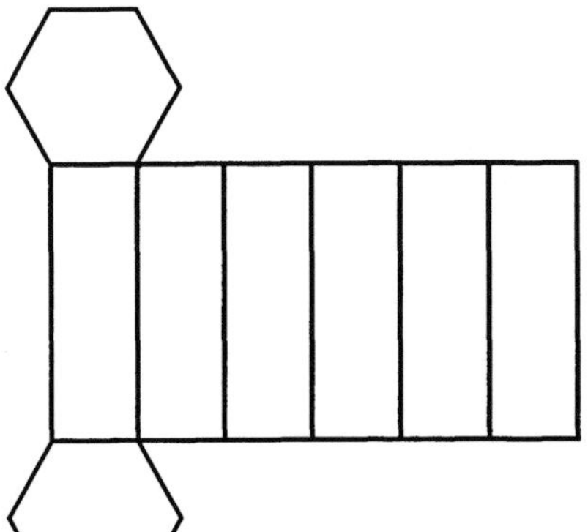

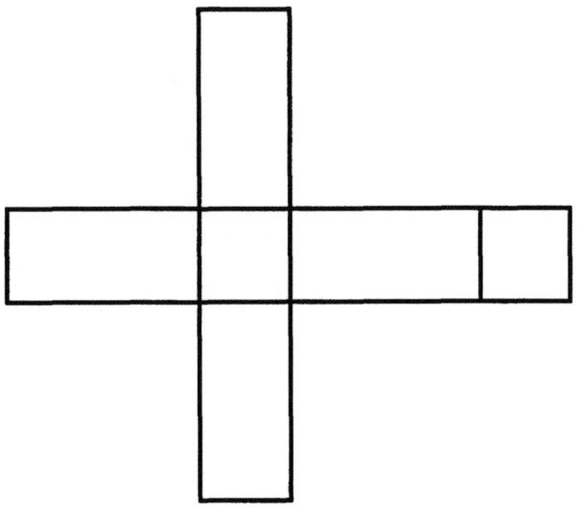

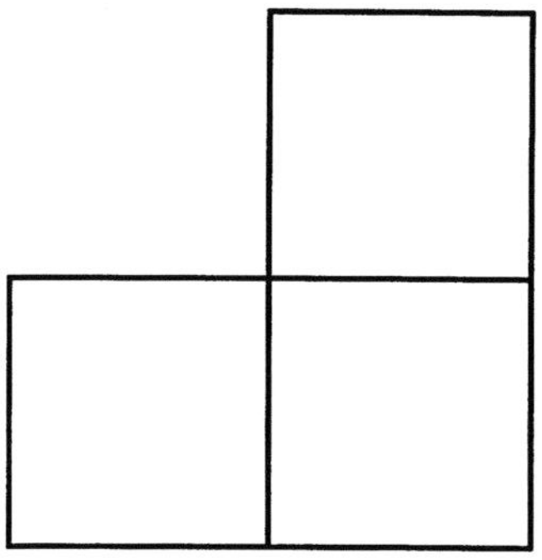

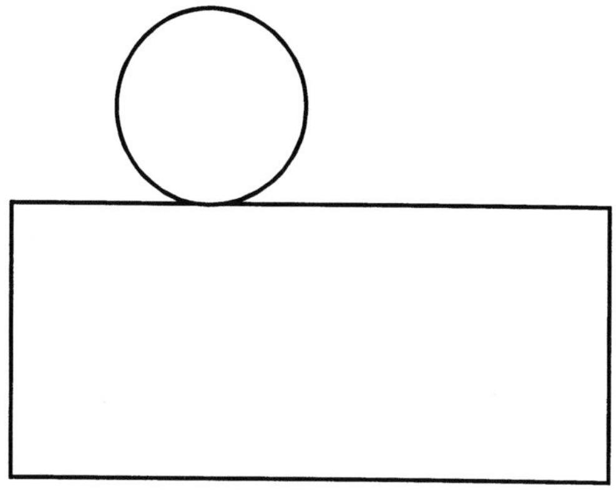

Zylinder

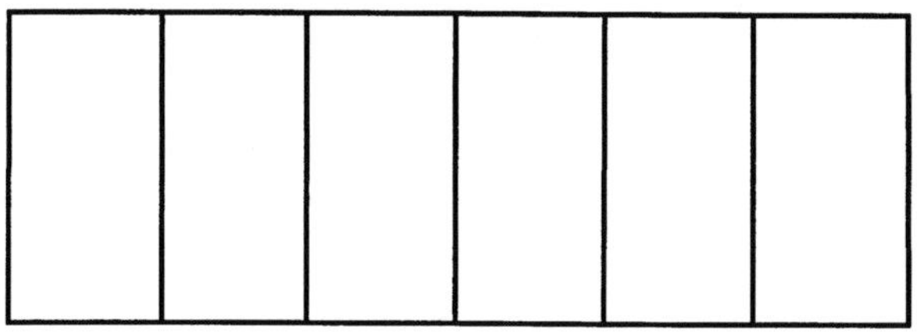

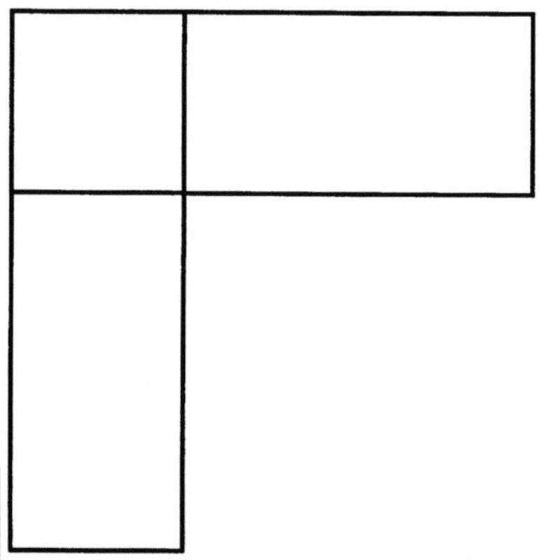

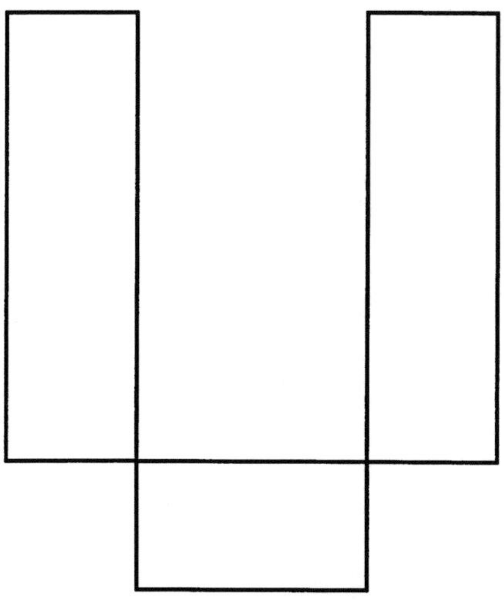

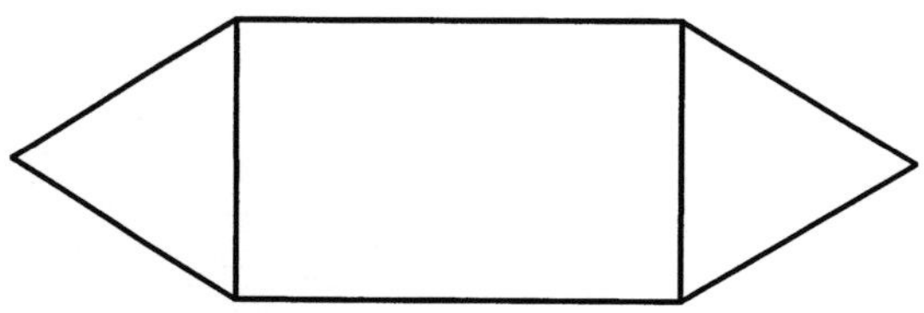

(1) Berechne zuerst die Teilfläche und dann die Gesamtfläche. Nimm die Maße aus der Zeichnung.

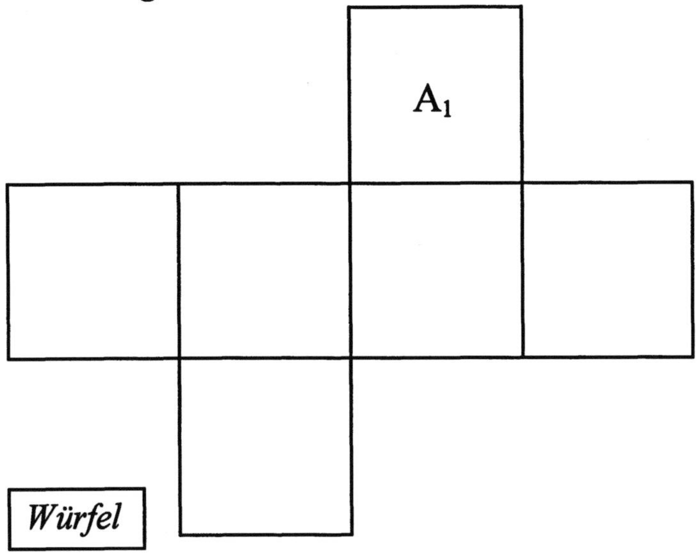

A_1 = ______________________

A = ______________________

(2)

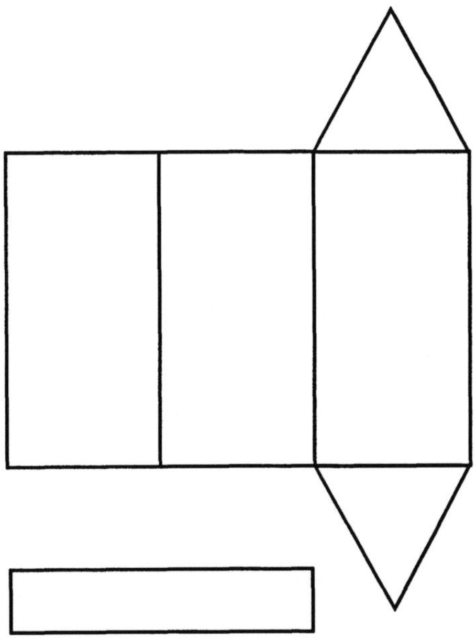

A_1 = ______________________

A_2 = ______________________

A = ______________________

(3)

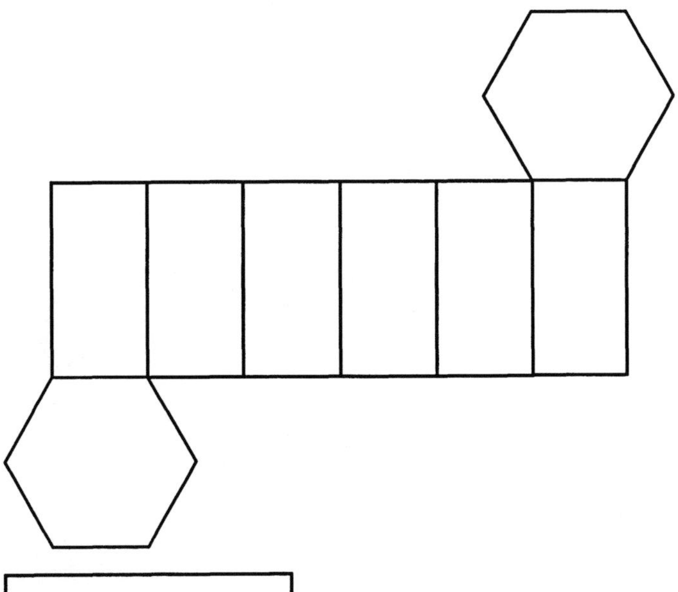

A_1 = ______________________

A_2 = ______________________

A = ______________________

(1) Berechne den Rauminhalt. Der abgebildete Körper ist nicht maßstabgetreu gezeichnet.

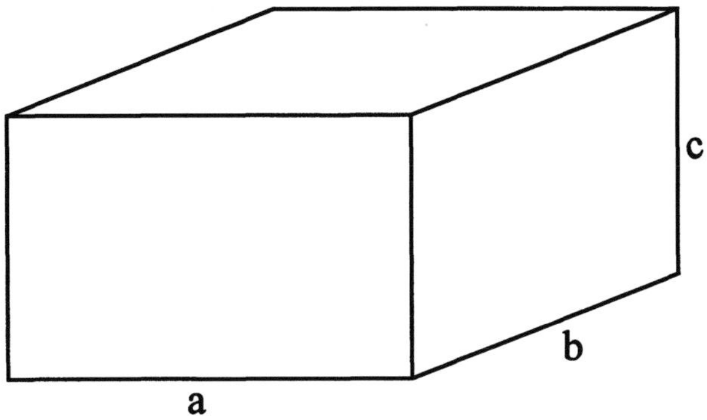

a = 6 cm

b = 10 cm

c = 5 cm

Grundfläche = ____________

Rauminhalt = ____________

(2)

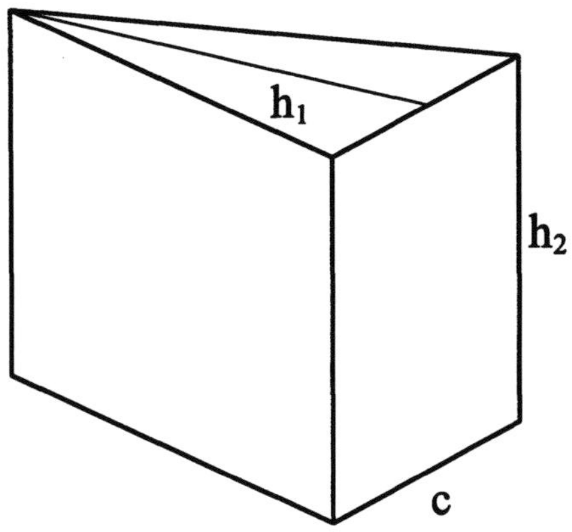

c = 5,0 cm

h_1 = 5,0 cm

h_2 = 9,5 cm

Grundfläche = ____________

Rauminhalt = ____________

(3)

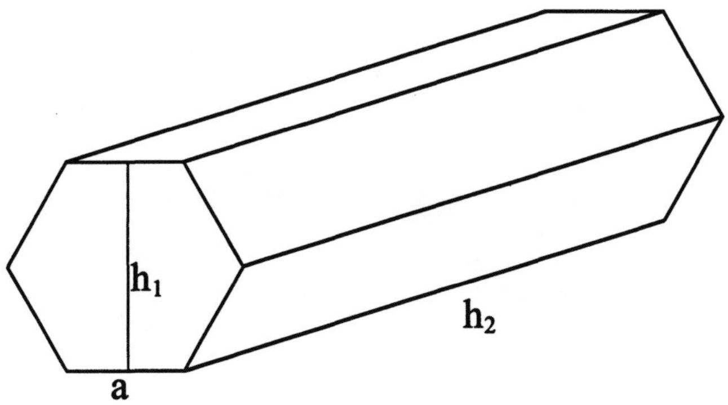

a = 4,5 cm

h_1 = 5,0 cm

h_2 = 20,0 cm

Grundfläche = ____________

Rauminhalt = ____________

(4)

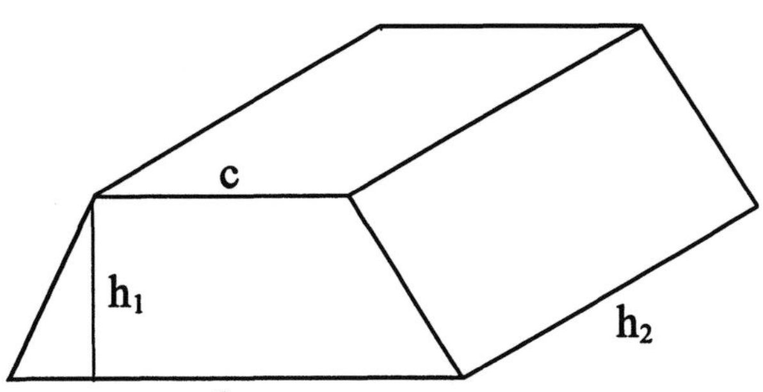

a = 6,0 cm c = 3,0 cm

h_1 = 5,0 cm

h_2 = 11,5 cm

Grundfläche = ____________

Rauminhalt = ____________

(1) Schneide aus einem Blatt Papier ein 28 cm langes und 20 cm breites Rechteck aus und rolle es zu einem Zylinder. Nimm einen 3 cm breiten Kleberand.

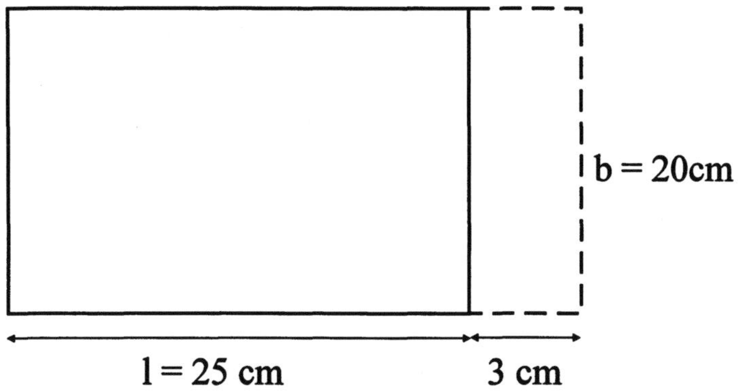

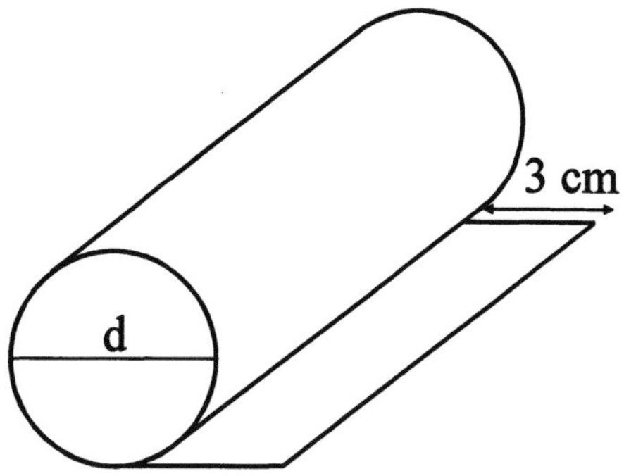

Berechne den Durchmesser und vergleiche mit dem Modell.

Umfang des Kreises = ________ Radius des Kreises = ________

Durchmesser des Kreises = ________ Flächeninhalt des Kreises = ________

(2) Stelle dir vor, du würdest den abgebildeten Zylinder aufrollen. Der Durchmesser beträgt d = 8 cm und die Höhe h = 12 cm.

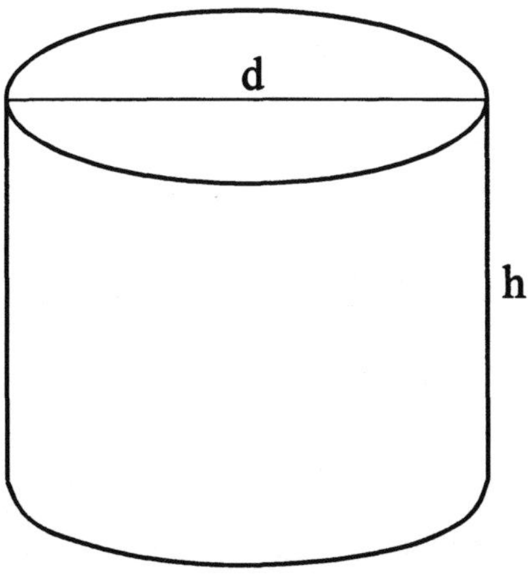

Umfang des Kreises = ________

Flächeninhalt des Kreises = ________

Rauminhalt des Zylinders = ________

Länge des Mantels = ________

Breite des Mantels = ________

Flächeninhalt des Mantels = ________

(3) Berechne die fehlenden Angaben. Der Radius des Grundkreises beträgt r = 3 cm und die Höhe des Zylinders h = 10 cm.

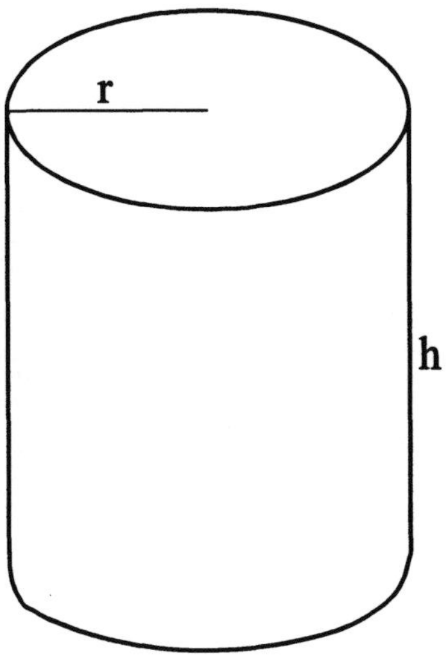

Umfang des Kreises = ________

Flächeninhalt des Kreises = ________

Rauminhalt des Zylinders = ________

Länge des Mantels = ________

Breite des Mantes = ________

Flächeninhalt des Mantels = ________

Oberfläche des Zylinders = ________

1 Berechne mit den angegebenen Maßen die Mantelfläche der Säule.

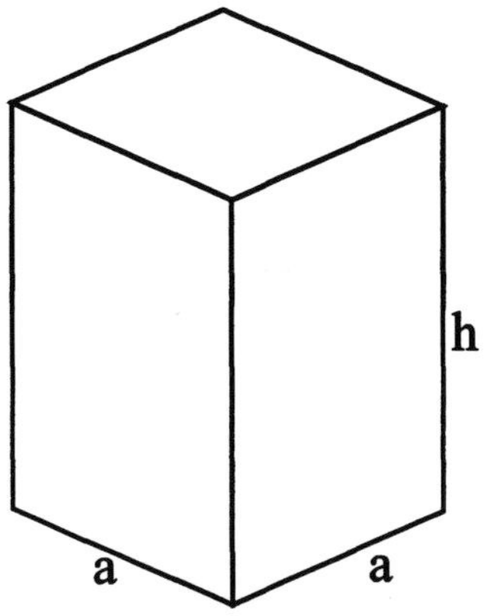

a = 6,7 cm

h = 12,3 cm

M= ____________________

2

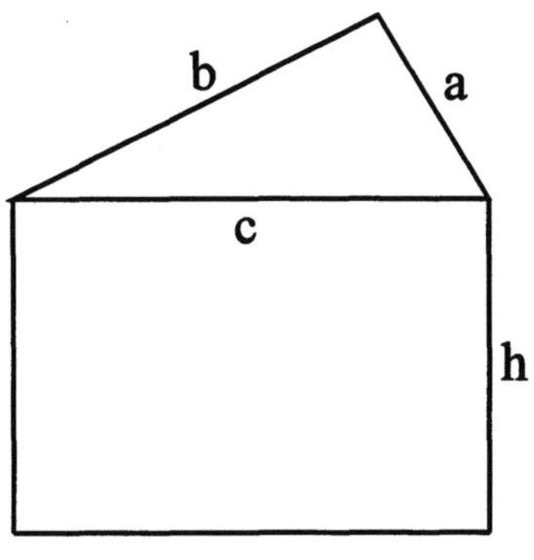

a = 3,0 cm

b = 5,0 cm

c = 12,6 cm

h = 12,0 cm

M= ____________________

3

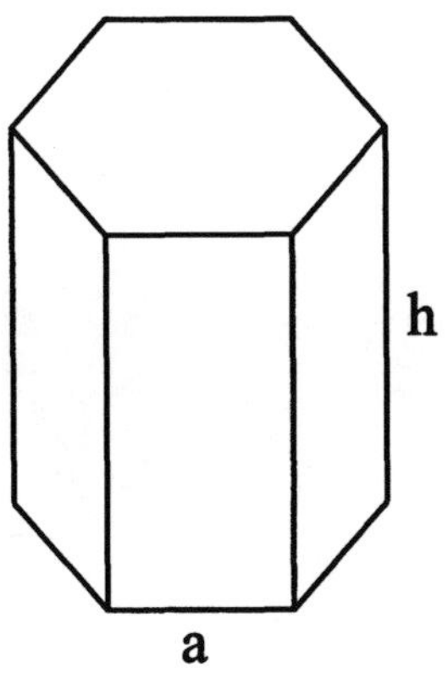

a = 3,5 cm

h = 10,0 cm

M= ____________________

4

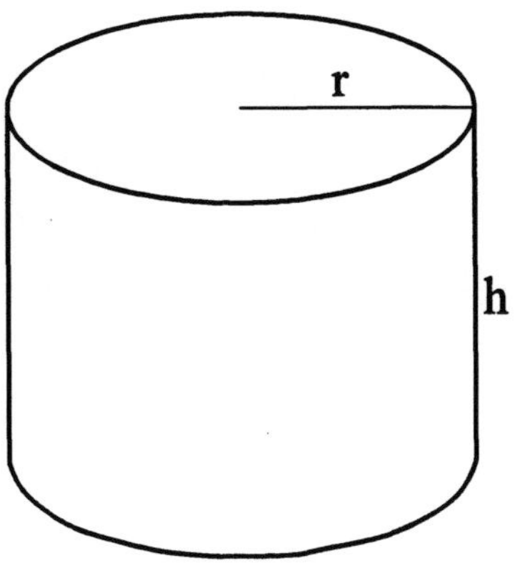

r = 5,0 cm

h = 8,0 cm

U = ____________________

M= ____________________

(1) Nimm die Maße aus der Zeichnung und berechne.

Rechteckssäule

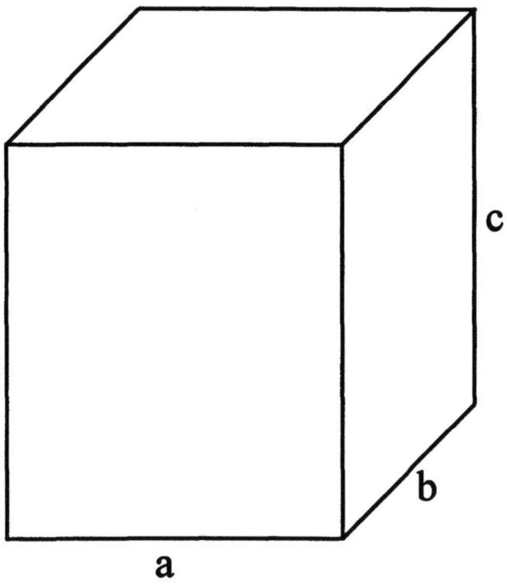

a = ________

b = ________

c = ________

G = ________________________________

V = ________________________________

O = ________________________________

(2) Zeichne das Schrägbild zu den Angaben.

Rechteckssäule

a = 4,7 cm

b = ________

c = 5,3 cm

G = 28,2 cm²

V = ________________________________

O = ________________________________

(3) Nimm die Maße aus der Zeichnung und berechne.

Dreieckssäule

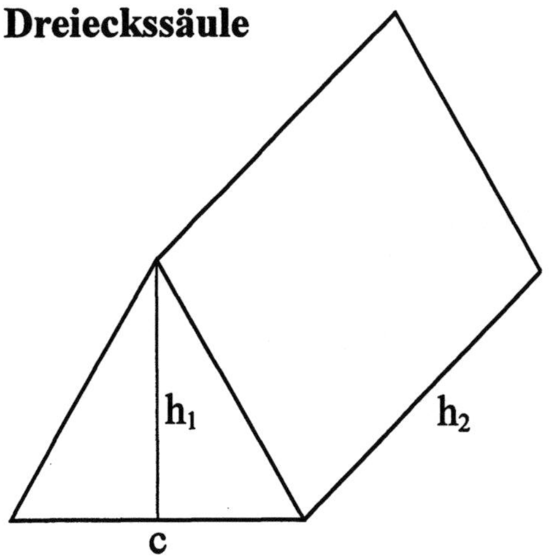

c = ________

h_1 = ________

h_2 = ________

G = ________________________________

V = ________________________________

O = ________________________________

Ein Quader hat einen Rauminhalt von 48 cm³. Er kann wie Abbildung A aussehen. Zeichne 2 weitere Möglichkeiten und berechne jeweils die Oberfläche und den Rauminhalt. Lösungen, bei denen nur a, b und c vertauscht werden, zählen nicht.

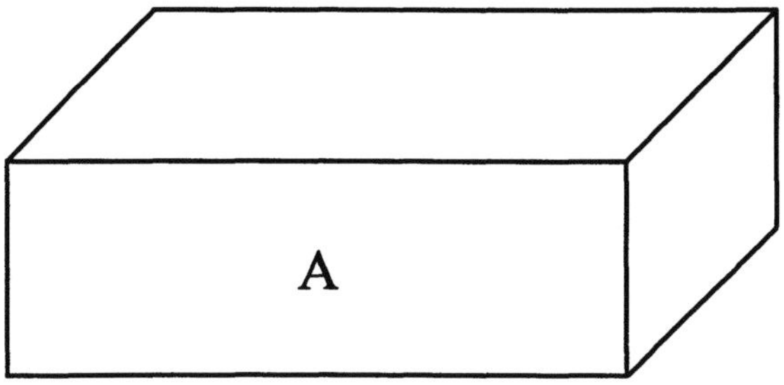

A

a = ______

b = ______

c = ______

V = ______________________

O = ______________________

B

a = ______

b = ______

c = ______

V = ______________________

O = ______________________

C

a = ______

b = ______

c = ______

V = ______________________

O = ______________________

(1) Aus einem Karton von 128 cm² Flächeninhalt wird ohne Verschnitt ein Verpackungsquader mit der quadratischen Grundfläche 16 cm² hergestellt. Wie hoch wird er und welches Fassungsvermögen hat er ?

Skizze

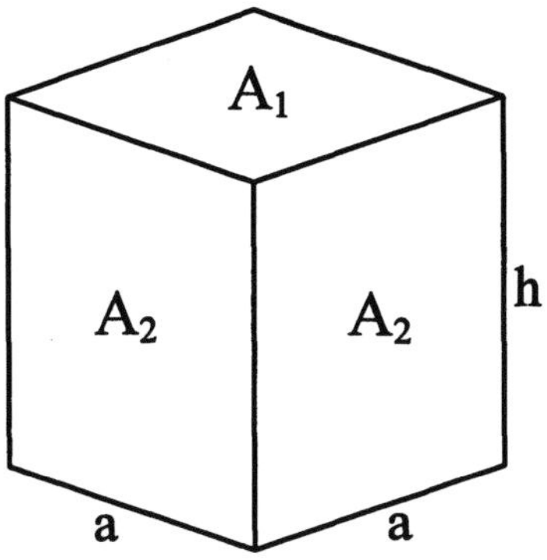

A_1 = ______	a = ______
O = ______	h = ______
M = ______	V = ______
A_2 = ______	

Antwort: ______

(2) Ein Quader hat die Grundseiten a = 4 cm und b = 5 cm. Seine Flächen sollen aus Karton ausgestanzt und dann zusammengefügt werden. Sie haben insgesamt den Flächeninhalt 166 cm². Wie hoch wird der Quader?

Skizze

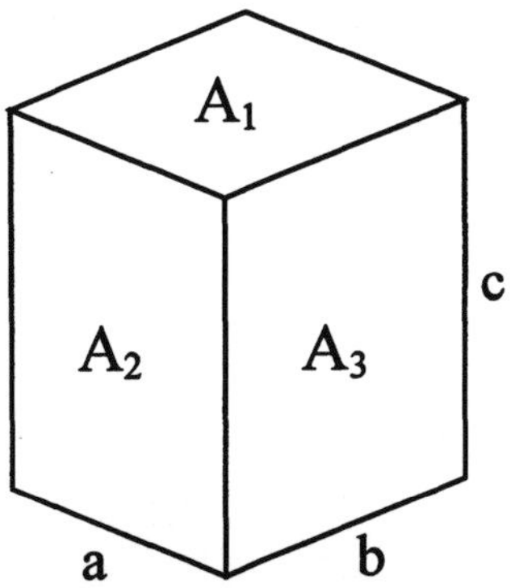

O = ______	c = ______
A_1 = ______	A_3= ______
M = ______	A_2= ______
$A_2 + A_3$ = ______	V = ______

Antwort: ______

(3) Für einen Quader wird aus Karton ein 70 cm² großer Mantel ausgestanzt. Er hat eine Höhe von 5 cm und eine Kante a = 3 cm. Wie viel cm² müssen für Boden- und Deckfläche noch ausgestanzt werden und wie groß ist das Fassungsvermögen?

Skizze

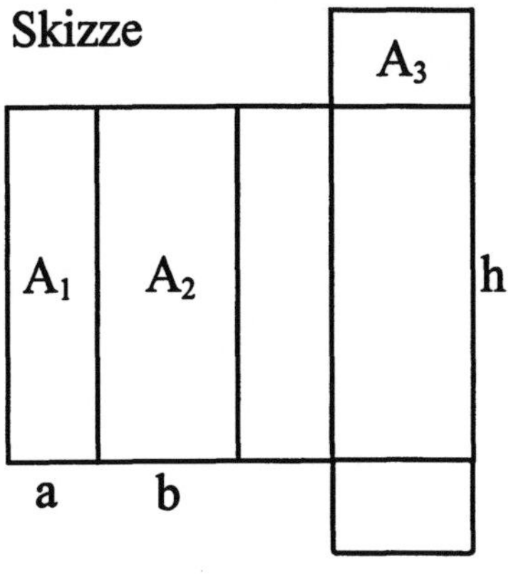

M = ______	a = ______
$2 \cdot (a + b)$= ______	A_3= ______
a + b = ______	$2 \cdot A_3$ = ______
b = ______	V = ______

Antwort: ______

Ordne die folgenden Formeln den abgebildeten Körpern zu. Zu jedem Körper passen drei Formeln. Manche passen mehrmals.

1	$V = a \cdot b \cdot c$	4	$V = a^3$	7	$O = 2 \cdot a \cdot b + 2 \cdot a \cdot c + 2 \cdot b \cdot c$
2	$V = G \cdot h$	5	$V = \pi \cdot r^2 \cdot h$	8	$M = a \cdot h + b \cdot h + c \cdot h$
3	$M = \pi \cdot d \cdot h$	6	$O = 6 \cdot a^2$	9	$V = c \cdot h_{\Delta} : 2 \cdot h$

Schreibe unter jeden Körper drei Nummern der entsprechenden Formeln. Trage die Strecken und Flächen, die in der Formel vorkommen, in die Zeichnung ein.

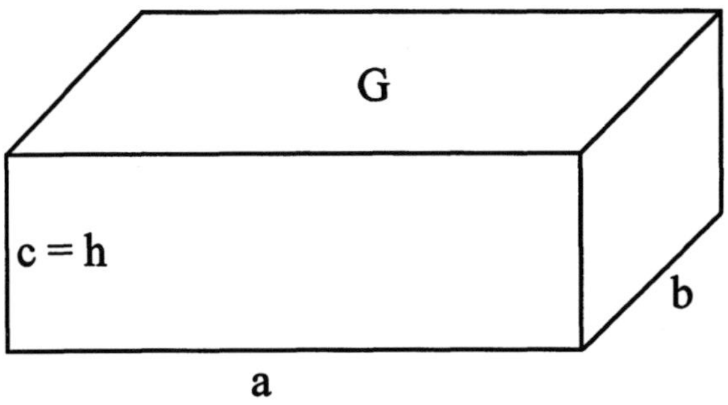

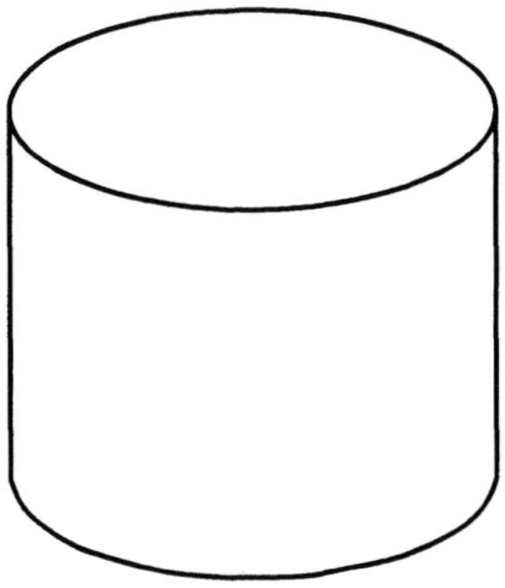

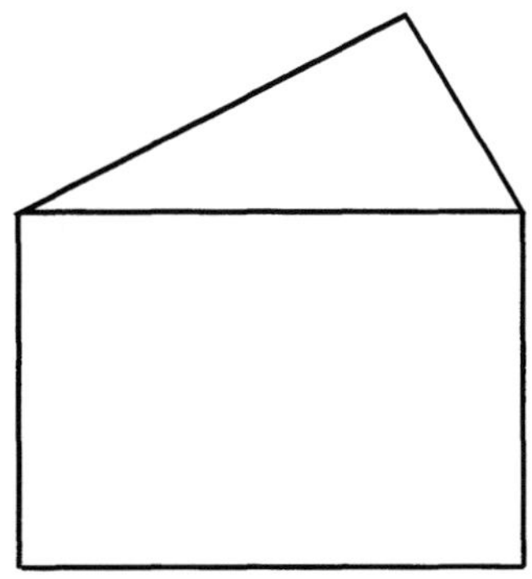

1, 2, 7 ______ ______

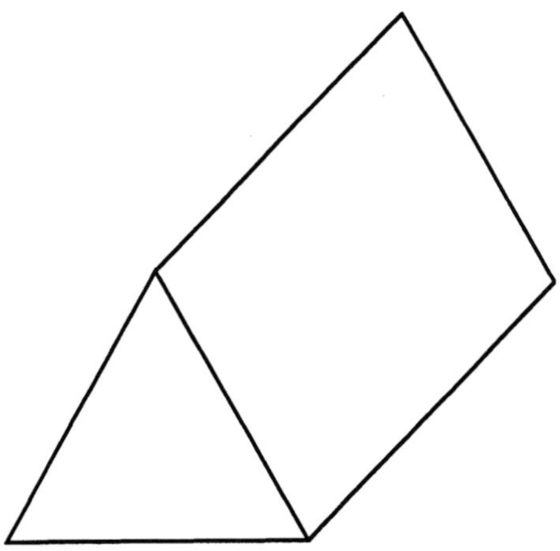

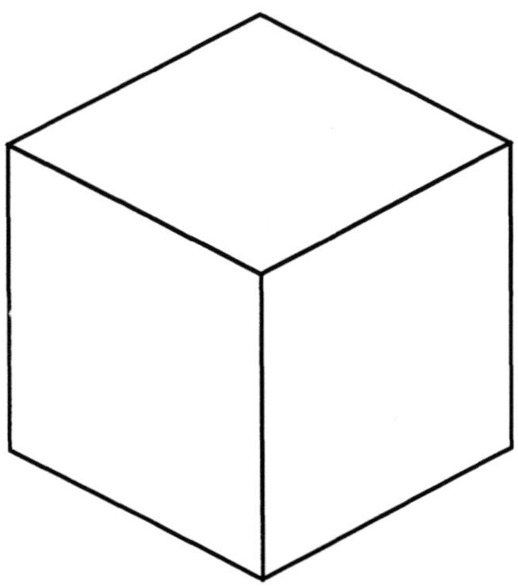

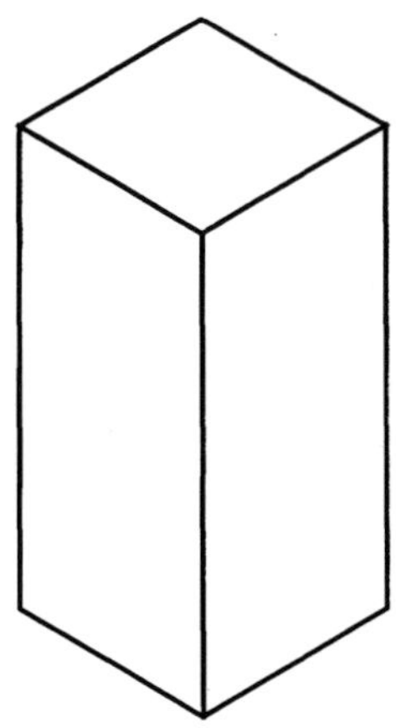

______ ______ ______

(1) Im Werkunterricht wird ein Spielklotz angefertigt. Er besteht aus einem Würfel mit der Kante 8 cm und einer aufgesetzten Dreieckssäule mit der Höhe 8 cm. Wie viel cm³ Holz enthält der Klotz?

Skizze

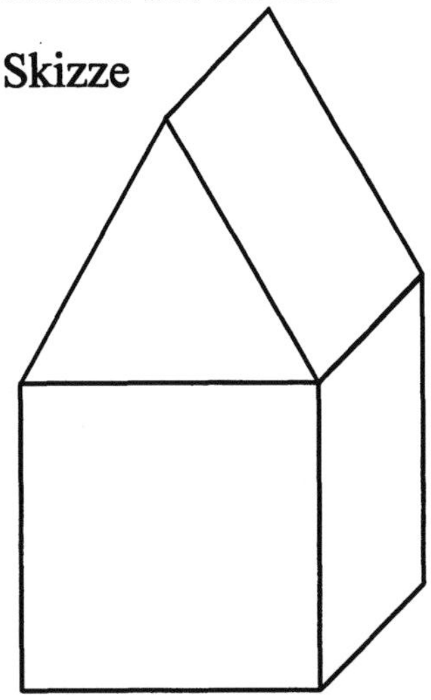

Volumen des Würfels = ______________

Volumen der Dreieckssäule = ______________

Gesamtvolumen = ______________

Antwort: ______________________________

____

(2) Aus einem quaderförmigen Metallblock mit den Maßen a = 15 cm, b = 12 cm und c = 17 cm werden wie auf der Skizze abgebildet zwei zylinderförmige Löcher gebohrt, die einen Durchmesser von jeweils 4 cm haben. Wie groß ist der Rauminhalt des Metallkörpers?

Skizze

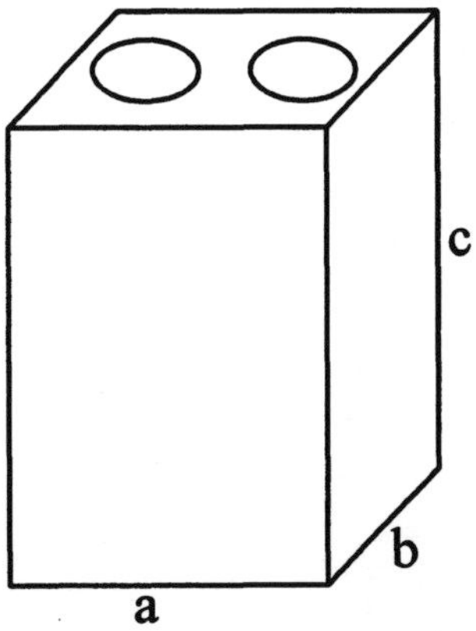

Volumen des Quaders = ______________

Volumen der Zylinder = ______________

Gesamtvolumen = ______________

Antwort: ______________________________

____

(3) Auf einen Holzwürfel mit der Kante 12 cm wird ein 10 cm hoher Zylinder gesetzt, der genau obenauf passt. Wie groß ist der Rauminhalt des so entstandenen Körpers?

Skizze

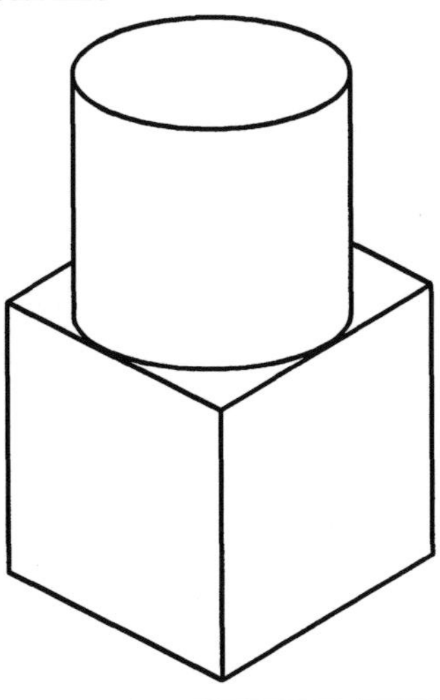

Volumen des Würfels = ______________

Volumen des Zylinders = ______________

Gesamtvolumen = ______________

Antwort: ______________________________

____

(1)

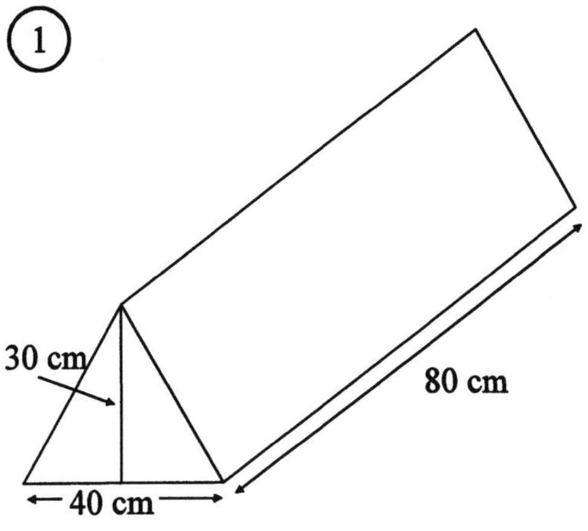

Wie schwer ist die abgebildete Betonsäule, wenn 1 cm^3 Beton 8 g wiegt? Gib das Gewicht in kg an.

Berechnung: ______________________

____

Antwort: ______________________

____

(2)

Eine Firma stellt Dichtungsringe aus Gummi her. Der Außendurchmesser beträgt 1 cm, der Innendurchmesser 7 mm, die Dicke 2 mm. Wie schwer sind 1000 Dichtungsringe, wenn 1 cm^3 Gummi 0,7 g wiegt?

Berechnung: ______________________

Antwort: ______________________

____

(3)

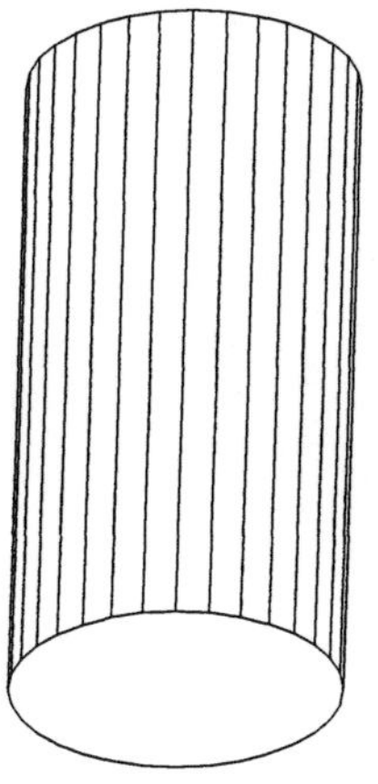

Der abgebildete Eisenzylinder hat ein Gewicht von 187,2 g. Welchen Rauminhalt hat er, wenn 1 cm^3 7,8 g wiegt?

Berechnung: ______________________

____

Antwort: ______________________

____

(4)

Welches Gewicht hat ein Farbdose, wenn sie mit 1 l Flüssigkeit gefüllt ist und die Dose leer 95 g wiegt? 1 cm^3 Acrylfarbe wiegt 0,95 g.

Berechnung: ______________________

____

Antwort: ______________________

Die Messergebnisse können von den Lösungen abweichen, da manchmal beim Kopieren geringfügige Ungenauigkeiten entstehen.
Die Konstante π wird mit 3,14 gerechnet. Wird der Taschenrechner benutzt, weichen die Ergebnisse von den hier angegebenen Lösungen etwas nach oben ab.

Seite	
1	(1) Reihenfolge der Dreiecke: gleichseitig, rechtwinklig, spitzwinklig, gleichschenklig, gleichschenklig-rechtwinklig, stumpfwinklig. (2) e) kann nicht gezeichnet werden, da die Winkelsumme im Dreieck 180° beträgt, f) ein gleichseitiges Dreieck hat nur 60°- Winkel, i) zwei stumpfe Winkel haben zusammen mehr als 180°.
2	Quadrat: a, b, c, d, e, f, g, h, i, j — Rechteck: b, c, d, e, h, i, j — Raute: a, b, c, d, e, f, g, j Drachen: b, d, f, g — Trapez: c — Parallelogramm: b, c, d, e, j
3	A: 1 2 3 4 5 B: 1 2 0 4 5 C: 0 2 3 4 5 D: 0 2 0 4 5 E: 1 2 0 4 0 F: 0 2 0 0 0 G: 0 0 3 4 5 H: 1 0 0 0 0 I: 0 0 3 0 0 J: 0 0 0 0 0
4	1. Es können die Häuser A, B, C, D, E, F besucht werden. 2. Er kann die Häuser A, B, C, D besuchen. 3. Der Code des Bandenchefs: 0 0 0 0 0 . 4. Code für den Weg von A nach I: 0 0 3 0 0. 5. Zwischen den Häusern H und F, F und G, F und I, I und J, H und J ist keine Verbindung möglich. 6. Er kann die Häuser A und B besuchen. 7. E und G erhalten den Code 0 0 0 4 0, Zugang zu A, B, C, D. 8. Die Bewohner von H können noch die Häuser A, B, E besuchen. 9. Code, mit dem kein weiteres Haus besucht werden kann: 1 2 3 4 5, Haus A. 10. Mit dem Code 0 0 3 4 5 können die Häuser C und A besucht werden. Mit dem Code 1 2 0 4 0 können die Häuser B und A besucht werden.
5	Eigenschaften 1 = mindestens zwei gleich lange Seiten; 2 = die Diagonalen bilden einen rechten Winkel 3 = mindestens ein rechter Winkel; 4 = mindestens zwei parallele Seiten 5 = mindestens zwei gleiche Winkel Code A: 1 2 3 4 5 B: 1 0 3 4 5 C: 1 2 0 4 5 D: 1 0 0 4 5 E: 0 0 3 4 5 F: 0 0 0 4 0 G: 1 2 0 0 5 H: 0 0 3 0 0 I: 0 2 0 0 0 J: 0 0 0 0 0
6	(1) $\gamma = 80°$ Es gibt unendlich viele Lösungen, da z.B. die Seite c beliebig wählbar ist. (2) $\gamma = 60°$, $\gamma = 57°$, $\alpha = 42°$, $\gamma = 45°$, $\beta = 60°$, $\gamma = 80°$, $\beta = 70°$, $\beta = 64°$ Es gibt beliebig viele Lösungen, da keine Seite vorgegeben ist. (4) Hinweis: Bei der zweiten Aufgabe schneidet der Kreis zweimal den Schenkel (2 Lösungen).
7	Hinweis: Es wird die Seite c mit den Eckpunkten gezeichnet. Der Punkt C ist der Schnittpunkt der Kreise um A mit b und um B mit a.
8	(1) Ich zeichne Seite c mit A und B, schlage um A Kreis mit r = 4,8 cm und um B mit r = 3,7 cm, erhalte Schnittpunkt C, verbinde C mit A und B. (2) Ich zeichne Seite c mit A und B, trage in A Winkel α und in B Winkel β ab. Der Schnittpunkt der Schenkel ergibt C. (3) Ich zeichne Winkel γ, trage die Seiten a und b ab und erhalte A und B.
9	(1) Ich zeichne Seite a mit A und B, trage Winkel α in A ab und zeichne Seite d mit Punkt D, zeichne die Parallele zu a durch D und die Parallele zu d durch B. Der Schnittpunkt ergibt C. (2) Ich zeichne a mit A und B und die Parallele zu a im Abstand 2,9 cm, schlage um A Kreis mit Radius d = 3,2 cm. Der Schnittpunkt mit der Parallelen zu a ergibt D. Ich zeichne die Parallele zu d durch B und erhalte die Seite b. (3) Ich zeichne die Seite a mit A und B, trage in A Winkel α ab. Auf dem Schenkel von α trage ich d = b ab und erhalte D. Ich ziehe die Parallele zu A durch D und trage c = a ab.
10	(1) Ich zeichne Diagonale f mit A und C, schlage Kreis um A mit Radius d = 4,0 cm und um C mit Radius c = 2,5 cm, Schnittpunkte ergeben B und D. (2) Ich zeichne Diagonale e mit D und B, die Kreise um D und B mit jeweils dem Radius a = 2,7 cm und b = 3,8 cm. Die Schnittpunkte ergeben A und C. (3) Ich zeichne Winkel α mit Eckpunkt A, trage a = d = 3,5 cm auf den Schenkeln ab und erhalte B und D. C ist der Schnittpunkt der Kreise um B und D mit dem Radius b = 2,5 cm.
11	(1) Ich zeichne Seite a mit A und B und trage in Punkt A den Winkel α ab, trage in B Winkel β ab, ziehe Parallele zu a im Abstand von 3 cm. Die Schnittpunkte mit den Schenkeln ergeben C und D. (2) Ich zeichne Seite a mit A und B, trage in A Winkel α ab. Auf dem Schenkel trage ich Seite d ab und erhalte Punkt D. Die Parallele zu a durch D und der Kreis um B mit dem Radius b = 4,3 cm schneiden sich in C. (3) Ich zeichne a mit A und B, trage Winkel α in A ab, zeichne die Parallele zu a im Abstand 3,2 cm. Der Schnittpunkt mit dem Schenkel von α ergibt D. C ist der Schnittpunkt dieser Parallelen mit dem Kreis um B mit dem Radius b = 4,2 cm.

Seite	
12	(1) 15,08 cm²; 15,84 cm² (2) 10,20 cm²; 12,54 cm² (3) 6,00 cm²; 4,50 cm² (4) 16,74 cm², 24,80 cm² Hinweis: Es soll aus der 7. Klasse wiederholt werden, dass das Prinzip der Flächenberechnung aus der Rückführung auf die Rechtecksberechnung besteht.
13	(1) 10,88 cm²; 11,55 cm² (2) 6,00 cm²; 4,50 cm² (3) 16,20 cm² (4) 22,44 cm²
14	Dreieck: A = h · c : 2; Drachen: A = e · f : 2; Drachen: A = e · f : 2; Parallelogramm: A = h · m; Trapez: A = (a + c) · h : 2; Raute: A = e : 2 · f; Dreieck: A = a · h : 2; Trapez: A = (a + c) · h : 2 Hinweis: Aus technischen Gründen wird anstelle des Bruchstriches hier ein ":" Zeichen geschrieben. Die Formel sollte genau der geometrischen Zerlegung oder Ergänzung entsprechen.
15	Küche: 7,84 m²; Vorraum: 1,44 m²; Diele: 3,60 m²; Wohn- und Esszimmer: 25,84 m²; Schlafzimmer: 10,64 m²; Kinderzimmer: 8,12 m²; Bad: 5,32 m²; Gesamtfläche: 62,80 m²
16	Hinweis: Die Aufgabe ist frei gestaltbar; aus diesem Grunde sind sehr verschiedene Lösungen möglich. Der Lehrer sollte darauf achten, dass die Einteilung der Zimmer sinnvoll ist, Türen, Fenster und Einrichtungen richtig gesetzt und Mauern einigermaßen richtig gezeichnet sind. Das maßstabgerechte Zeichnen tritt dabei etwas in den Hintergrund. Wichtig ist, dass die Schüler die Anwendung von Mathematik im täglichen Leben erkennen.
17	Hinweis: Die Aufgabe fällt den Schülern weit schwerer, als es auf den ersten Blick den Anschein hat. Sie haben vor allem Schwierigkeiten, Zimmer sinnvoll einzuordnen, Türen und Fenster richtig einzuplanen. Auch zeichnerisch ist die Aufgabe komplex. Die vollständige Durchführung, von der (einigermaßen) maßstabgerechten Zeichnung bis zur Wohnflächenberechnung, beansprucht viel Zeit, stellt aber eine fruchtbare Erfahrung dar.
18	(1) α = 60°, da der Vollkreis 360° hat und durch 6 geteilt werden muss. Das Dreieck hat drei gleich große Winkel und damit drei gleich lange Seiten. U = 24 cm; A(Dreieck) = 6,80 cm²; A(Sechseck) = 40,80 cm² (2) 1. Sechseck: U = 30 cm; A = 66 cm 2. Sechseck: U = 39 cm; A = 109,20 cm²

Seite	
19	(1) U (inn. Achteck) = 24,8 cm; U (äuß. Achteck) = 26,8 cm; A (inn. Dreieck) = 5,74 cm² A (äuß. Dreieck) = 6,70 cm²; A (inn. Achteck) = 45,88 cm²; A (äuß. Achteck) = 53,60 cm² (2) U (inn. Achteck) = 30,4 cm; U (äuß. Achteck) = 33,6 cm; A (inn. Dreieck) = 8,93 cm² A (äuß. Dreieck) = 10,71 cm²; A (inn. Achteck) = 71,44 cm²; A (äuß. Achteck) = 85,68 cm²
20	(1) U (inneres Sechseck) = 24 cm; U (äußeres Sechseck) = 28,2 cm; U (Kreis) = 26,1cm A (äußeres Sechseck) = 56,40 cm²; A (inneres Sechseck) = 40,80 cm²; A (Kreis) = 50,24 cm² (2) U (inneres Achteck) = 24,0 cm; U (äußeres Achteck) = 26,4 cm; U (Kreis) = 25,2 cm A (äußeres Achteck) = 54,12 cm²; A (inneres Achteck) = 44,40 cm²; A (Kreis) = 50,24 cm² Hinweis: Der Schüler sollte erfahren, dass die Kreisberechnung eine Näherungsberechnung ist. Je größer die Eckenzahl,desto genauer wird sie. Zur genauen Konstruktion eines Vielecks mit großer Eckenzahl ist es sinnvoll, ein Zeichenprogramm im Computer einzusetzen.
21	(1) Der Kreis wird von 4 Radiusquadraten überdeckt. Schneidet man die überstehenden Ecken ab, dann entspricht der Flächeninhalt des Kreises in etwa drei Radiusquadraten. (2) A (Radiusquadrat) = 4 cm²; A (äußeres Quadrat) = 16 cm²; A (inneres Quadrat) = 8 cm²; Mittelwert = 12 cm² (3) Beim Sechseck ist eine Kante gerade so lang wie der Radius. Der Umfang ist deshalb so groß wie sechs Radien. Der Umfang des Kreises ist etwas größer. (4) Der Durchmesser ist etwa dreimal im Umfang enthalten.
22	(1) d = 4, 8 cm; r = 2,4 cm; U = 15,07 cm; A = 18,09 cm² (2) d = 4,6 cm; r = 2,3 cm; U = 14,44 cm; A = 16,61 cm² (3) U = 18,84 cm; d = 6 cm; r = 3 cm; A = 28,26 cm² (4) r = 4 cm; d = 8 cm; U = 25,12 cm; A = 50,24 cm²
23	(1) A = 1,13 cm² (2) s = 103,62 m (3) A = 286 cm² (4) A = 113,04 cm²
24	(1) 3/4, 270°; 1/2, 180°; 1/4, 90°; 1/8, 45°; 3/8, 135°; 1/6, 60° (2) 28,26 cm²; 7,07 cm²; 21,20 cm²; 9,42 cm² (3) 13,08 cm²; 26,17 cm²; 52,33 cm²; 65,42 cm² (4) 1,57 cm²; 7,85 cm²; 3,14 cm²; 9,42 cm²

Seite

25 (1) 31,4 cm; 0,09 cm; 0,87 cm; 1,74 cm; 7,85 cm; 6,54 cm; 3,75 cm; 5,23 cm; 1,40 cm; 3,93 cm

(2) 113,04 cm²; 0,31 cm²; 1,57 cm²; 7,85 cm²; 28,26 cm²; 23,55 cm²; 13,50 cm²; 21,04 cm²; 5,02 cm²; 11,93 cm²

---

26 (1) Ganze Anlage: 153,86 m²; Blumenbeet: 78,50 m²; Weg: 75,36 m²

(2) Ganze Anlage: 63,56 m²; Teich: 28,26 m²; Weg: 35,30 m²

(3) Ganze Anlage: 38,47 m²; Teich: 28,26 m²; Weg: 10,21 m²

---

27 (1) U = 23,13 cm; A = 11,38 cm² (2) U = 15,7 cm, A = 14,72 cm²

(3) U = 18,84 cm; A = 7,06 cm² (4) U = 13,81 cm, A = 16,33 cm²

---

28 (1) Die drei Rechtecke haben gemeinsam einen Schnittpunkt der Diagonalen. Der Kreismittelpunkt ist gleichzeitig der Schnittpunkt der Diagonalen. Jede Diagonale ist gleichzeitig auch ein Durchmesser.

(2) Der Mittelpunkt des Kreises ist der Schnittpunkt der Diagonalen und der Schnittpunkt der Mittelsenkrechten.

---

29 (1)

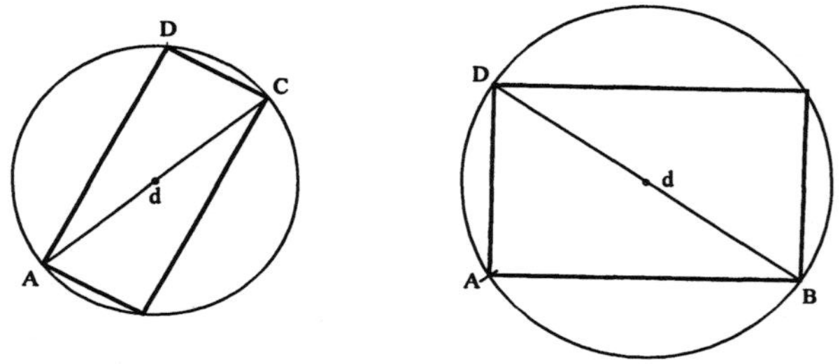

(2)

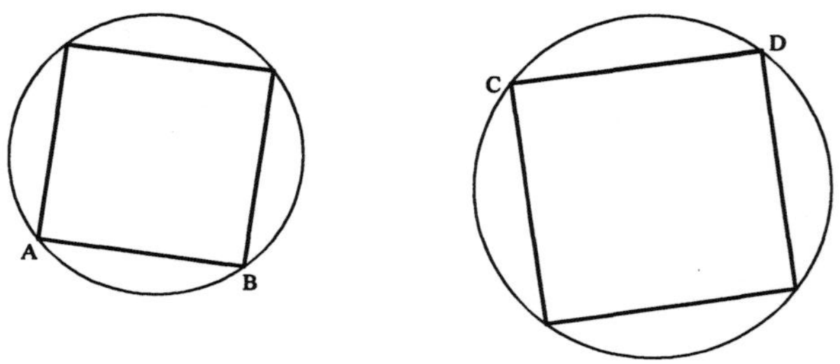

Seite

29 (3)

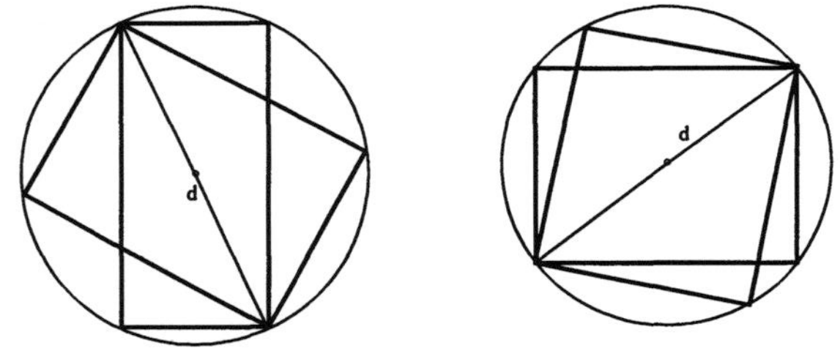

Hinweis: Es gibt unendlich viele Lösungen. Die Schüler sollen erkennen, dass alle Punkte auf dem Kreis, verbunden mit den Endpunkten von d, einen rechten Winkel bilden.

---

30 (1) Ich zeichne Seite c mit A und B, trage in A Winkel α ab, zeichne über c einen Halbkreis. C ist der Schnittpunkt des Schenkels von α mit dem Halbkreis.

(2) Ich zeichne c mit A und B, einen Kreis um A mit dem Radius b. Der Schnittpunkt dieses Kreises mit dem Halbkreis über c ergibt C.

(3) Ich zeichne Seite c mit A und B, trage in B Winkel β ab. Der Schenkel von β und der Halbkreis über c schneiden sich in C.

31

	A	B	C	D	E	F	G	H	I	J	K	L
Anzahl Ecken	8	8	5	8	0	1	0	0	4	6	7	12
Anzahl Kanten	12	12	8	12	0	1	2	2	6	9	12	18
Anzahl Flächen	6	6	5	6	1	2	3	3	4	5	7	8

32

	A	B	C	D	E	F	G	H	I	J	K	L	M	N	O	P
Säulen	x	x							x	x		x	x			x
Prismen	x	x				x				x		x	x			x
Spitzkörper			x	x			x	x							x	

---

33 Richtige Reihenfolge: Dreieckspyramide, Dreieckssäule, Würfel, Quader, Zylinder, quadratische Pyramide, Sechseckssäule, quadratische Säule, Kegel.

Seite	
34	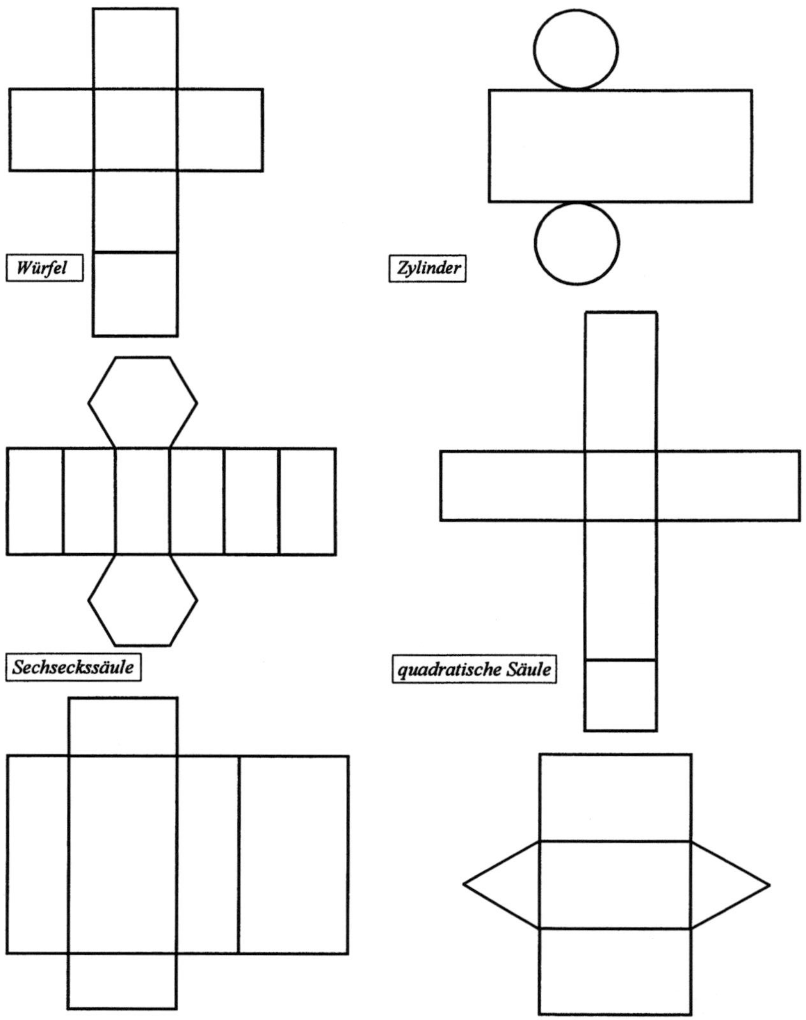

Hinweis: Es gibt mehrere Darstellungslösungen zum gleichen Körper.

---

35 ① $A_1 = 5{,}29$ cm²; $A = 31{,}74$ cm² ② $A_1 = 1{,}80$ cm²; $A_2 = 8$ cm²; $A = 27{,}60$ cm²
③ $A_1 = 4{,}29$ cm²; $A_2 = 3{,}38$ cm²; $A = 28{,}86$ cm²

---

36 ① $G = 60$ cm²; $V = 300$ cm³ ② $G = 12{,}50$ cm²; $V = 118{,}75$ cm²

Hinweis: Bei den Aufgaben 3 und 4 steht die Grundfläche nicht auf dem Boden.

Seite

36 ③ $G = 33{,}75$ cm²; $V = 675$ cm³ ④ $G = 22{,}50$ cm²; $V = 258{,}75$ cm³

---

37 ① $U = 25$ cm; $d = 7{,}96$ cm; $r = 3{,}98$ cm; $A = 49{,}76$ cm²
② $U = 25{,}12$ cm; $A = 50{,}24$ cm²; $V = 602{,}880$ cm³; $l = 25{,}12$ cm; $b = 12{,}0$ cm; $M = 301{,}440$ cm³
③ $U = 18{,}84$ cm; $A = 28{,}26$ cm²; $V = 282{,}600$ cm³; $l = 18{,}84$ cm; $b = 10$ cm; $M = 188{,}40$ cm²; $O = 244{,}92$ cm²

---

38 329,64 cm²; 247,20 cm²; 210,00 cm²; 251, 20 cm²

---

39 ① $a = 3{,}8$ cm; $b = 4{,}2$ cm; $c = 4{,}4$ cm; $G = 15{,}96$ cm²; $V = 70{,}224$ cm³; $O = 102{,}32$ cm²
② $b = 6$ cm; $V = 149{,}46$ cm³; = = 169,82 cm²
③ $c = 3{,}4$ cm; $h_1 = 2{,}9$ cm; $h_2 = 7{,}8$ cm; $G = 4{,}93$ cm²; $V = 38{,}454$ cm³; $O = 89{,}42$ cm²

---

40 A $a = 6$ cm; $b = 4$ cm; $c = 2$ cm; $V = 48$ cm³; $O = 88$ cm²
B $a = 4$ cm; $b = 3$ cm; $c = 4$ cm; $V = 48$ cm³; $O = 80$ cm²
C $a = 2$ cm; $b = 8$ cm; $c = 3$ cm; $V = 48$ cm³; $O = 92$ cm²

Hinweis: Es gibt weitere Lösungen, z.B. a = 1 cm oder a = 2,5 cm. Diese können aber nicht in das Arbeitsblatt gezeichnet werden. Erfahrungsgemäß suchen die Schüler nur ganzzahlige Lösungen.

---

41 ① $A_1 = 16$ cm²; $a = 4$ cm; $O = 128$ cm²; $M = 96$ cm²; $A_2 = 24$ cm²; $h = 6$ cm; $V = 96$ cm³
② $O = 166$ cm²; $A_1 = 20$ cm²; $M = 126$ cm²; $A_2 + A_3 = 63$ cm²; $c = 7$ cm; $A_3 = 35$ cm²; $A_2 = 28$ cm²; $V = 140$ cm³
③ $M = 70$ cm²; 2 (a + b) = 14 cm; $b = 4$ cm; $A_3 = 12$ cm²; $V = 60$ cm³; es fehlen 24 cm².

---

42 Quader: 1, 2, 7; Zylinder: 2, 5, 3; Dreieckssäule: 2, 9, 8; Dreieckssäule: 2, 9, 8; Würfel: 2, 4, 6 (1, 7); quadratische Säule: 1, 2, 7

---

43 ① V(Würfel) = 512 cm³; V(Dreieckssäule): = 256 cm³; V = 768 cm³
② V(Quader) = 3060 cm³; V(Zylinder) = 213,52 cm³; V = 2632,960 cm³
③ V(Würfel) = 1728 cm³; V(Zylinder) = 1130,400 cm³; V = 2858,400 cm³

---

44 ① 384 kg ② 56,049 g ③ 24 cm³ ④ 1,045 kg